WINE SOMMELIER

葡萄酒

葡萄酒文化的探索之旅

[意] 法比奥·彼得罗尼　摄
[意] 雅各布·寇萨特　著
夏小倩　译

中国摄影出版社
China Photographic Publishing House

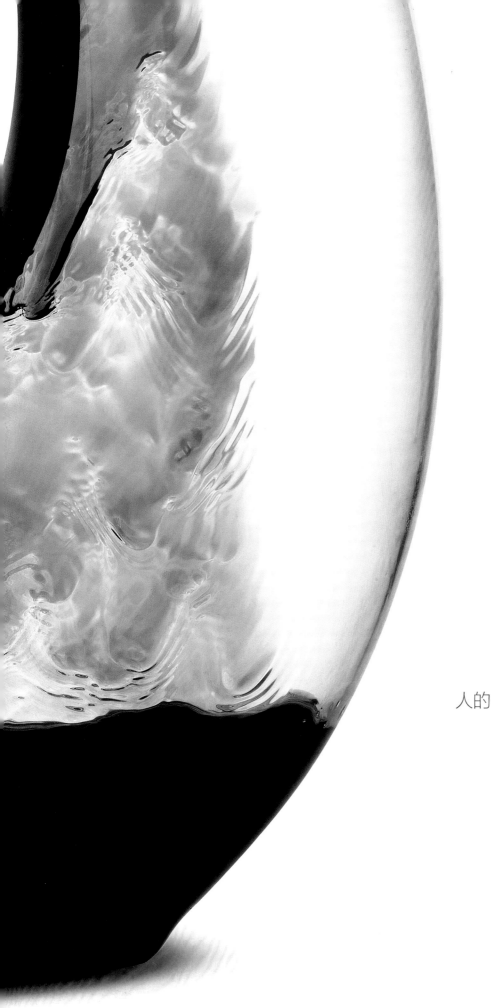

人的伟大在于他所拥有的财富，
一瓶美酒、
一本好书、
一位挚友。

——莫里哀

目录 CONTENTS

序　言

寻遍世间，再无一款人造饮料能如此风靡，且经历岁月洗礼仍经久不衰。笔者自由驰骋的文字如同醉人的葡萄美酒，将葡萄酒的诞生向我们娓娓道来。千百年以来，葡萄酒是西方人餐桌上佐以美食的完美伴侣，更是重要庆典场合的必备饮料，人们对于葡萄酒的追求从未改变。在许多国家，它不单纯是种饮料，也是一种具有独特内涵的文化元素。

葡萄酒之美可追溯到它的千年历史，从古代波斯到地中海盆地，逐渐传到世界各地。在这场令人惊奇的旅行之路上，诞生了为数众多的葡萄酒品种。时至今日，虽然举世闻名的葡萄不过寥寥几十种，但酿造而成的葡萄酒却数不胜数，这是因为每一瓶葡萄酒都是独一无二的。世界上没有两瓶一模一样的葡萄酒，无论产地孰远孰近，即使生产方式完全一致，都无法避免瓶差的产生。每一座庄园都有着自己的过往，文化元素在潜移默化之中也不断地影响着我们的餐桌。这些元素是在与葡萄酒庄园的不断交流中产生的，朔风野大的领土硕果累累，人们辛勤劳作，通过采摘与甄选，使那些地域的传统特色被牢牢根植于葡萄酒中。这就是所谓的"风土"，每一瓶佳酿的韵味，无一不在展现其产地的所有特质，与别处相比，总显得与众不同。

撰写此书，意在赞美葡萄酒的独具特质，为渴望走进葡萄酒世界的人们略作指引。通过简单明了的语言叙述，将世界上一些耳熟能详的标志性名酒展现于各位眼前。不论这些名牌是白葡萄酒、红葡萄酒、起泡葡萄酒、甜型或加强型葡萄酒，它们都与其风土特色紧紧相系，让人一口就能喝出令人陶醉的酒庄底蕴。这一密不可分的关系正好解释了为何在被视为当代葡萄酒诞生地的欧洲，它们看上去也是与众不同，尤其在法国、意大利和西班牙。此外，同上述任意国家一样，那些颇具声誉的葡萄酒都来自每个特定产区的默默付出。比如，德国、奥地利、葡萄牙和匈牙利都有引以为傲、令人难忘的葡萄酒，更不用说美国、加拿大、南非和智利了。尽管彼此之间的地理位置相距甚远，但这些来自新世界的葡萄酒在过去几个世纪也在世界葡萄酒市场占据了一席之地，而与时俱进的发展让它们更加魅力难挡。

葡萄酒可以被灌入千百万支酒瓶进行大规模生产，也可以将产量缩减至区区几千瓶，但每一瓶都蕴藏着其与生俱来的丰富个性。

赶紧来一起探索这酒香四溢的世界吧。

葡萄酒的古往今来
——诉尽千年历史传奇

走进葡萄酒的历史

追溯起葡萄酒的历史起源，几乎与人类最重要的文明发展齐头并进。有研究表明，葡萄，也就是葡萄属植物的果实适合用于酿酒，在距今一万年前，它的藤蔓就已安家落户在波斯（即今伊朗）和地中海东南部地区。关于葡萄酒的诞生，人们众说纷纭，很难确切定义在距今多少年前的某一时刻，是谁发现了葡萄汁发酵后能制成如此令人愉悦的酒精饮料。但可以肯定的是，考古学家证实在苏梅里亚、巴比伦和古埃及出土的高脚酒杯中曾经盛放过葡萄酒，人类饮用葡萄酒的历史之悠久由此可见一斑。

随着研究深入，如今有越来越多的事实证明葡萄酒业在古希腊发展得最为显著。而古罗马帝国在南征北伐燃起的战火硝烟中，也播下了葡萄种植和酿酒工艺的星星火种。古罗马时代是葡萄酒发展过程中不可或缺的一个重要时期，那时的葡萄酒承载着精神信仰、敬奉神明，彼此有着千丝万缕的关系。对犹太人来说，诺亚是酿造葡萄酒的第一人，并遵从上帝的旨意，将一些葡萄的藤枝带上了诺亚方舟。古希腊色雷斯人信奉的酒神狄俄尼索斯（Dionysus），在古罗马神话里又被称为巴克斯（Bacchus），这位神祇代表了生命的狂欢，同时也是人生在世的一种象征。在基督教中，葡萄酒是为纪念耶稣受难而举行的圣餐仪式中最重要的组成部分之一。

多亏有大量的历史文献资料留存于世，通过研究，我们得知古罗马时代上流社会能享用到一种长寿之饮，这些葡萄酒甚至能储存数十年之久。它们以甜味为主，添加有香味馥郁的配料，酒精含量却可能颇高，因此能用中等尺寸的赤土陶罐中存储较长时间。但对于普通百姓来说，应季丰收时所酿的简易葡萄酒最平易近人，酒精浓度低，似乎更接近于我们现在所熟悉的葡萄酒。因为举国上下好饮醇醪，促使古罗马帝国建立了相应的生产法案，为葡萄酒产业的发展和现代葡萄庄园的建立奠定了基础，并做出了极其巨大的贡献。

而更加功不可没的是随着罗马帝国的强盛，葡萄的栽培种植技术被广泛传播于各方领土，南至西班牙，北至法国，接着还有德国和英国。到处安家落户的葡萄无一不与欧洲大陆各国的当地气候条件相适应，也随之酿出了充满本地特色的葡萄酒。为了便于运输葡萄，庄园通常临河而建，这无疑是古罗马人最为擅长的天然运输方式。于是，波尔多、香槟、卢瓦尔河谷、摩泽尔和里奥哈等如今闻名遐迩、极富传奇色彩的葡萄酒产区由此诞生。

当今的葡萄酒

在漫长的历史长河中，我们很难寻找出一个精确的时间点来界定现在所知的这些葡萄酒特质。这是一个漫长的发展过程，从 17 世纪开始几乎持续了整整 2 个世纪。期间，有个关键因素在提升葡萄酒口感和助长消费量上功不可没——那就是英国人发明了玻璃瓶。在玻璃酒瓶问世以前，葡萄酒被存储在各种千奇百怪的容器里，比如从古罗马时期起，人们就用木质酒桶或赤陶土罐存储，然后倒入酒壶或小鸭夷子皮里供人享用。直到 17 世纪伊始，玻璃制造业蓬勃发展，玻璃瓶质地更坚固，价格更低廉。那时的玻璃瓶样子与现在截然不同，它们的底部是球形的，但设计上能完全满足功能上的需求，比如有足够的储存容量又经受得住运输的颠簸。英国在葡萄酒贸易上展现出了浓厚的兴趣，许多英国商人安居在各地的中心港口城市，诸如葡萄牙的波尔图（Porto）、意大利的马沙拉（Marsala）和西班牙的赫雷斯·德·拉·弗龙特拉（Jerez de la Frontera），让世界各地的葡萄酒漂洋过海，在自己家乡也开辟了市场。另一个贸易重地便是波尔多（Bordeaux），商人们积年累月悉心经营，构建了强大的商业网络。而海外的朗姆酒产区更不必多说，同样商机无限。这使得在很长一段时间里，不是酿酒大户的英国能以此保住自己的核心地位，成为全世界葡萄酒最重要的市场。

随着玻璃瓶制造业的蓬勃发展，致使陈酿葡萄酒开始风靡，因为它们的口感比起 16 世纪流行的红葡萄酒更富结构。人们很快就知道一瓶得以妥善密封的葡萄酒能更好地保存酒液，并在岁月的沉淀之中变化无穷，香气也愈发丰富饱满。正是在 18 世纪初期，当代葡萄酒地理学说问世。在曾经建立的广泛完善的商业网络的帮助下，波尔多缔造了葡萄酒界的霸主地位。此外，一个新新产区也应运而生，并迅速夺得了重要地位，那就是勃艮第。到了 18 世纪，从商业贸易和生产制造的角度来看，葡萄酒都当仁不让地成了全欧洲境内绝对的主角。每个地区各有特色，这时的意大利、西班牙、德国和其他主要葡萄酒生产国，已让我们看到了一些最受欣赏和推崇的派别的雏形。

怎料 19 世纪后半期，发生了一场令人猝不及防的巨变。众所周知，越来越多的美国藤蔓引入欧洲，随之爆发了史上最大规模的虫害灾难。一种名为"葡萄根瘤蚜"的寄生虫，小得肉眼不可见，却几乎摧毁了欧洲大陆上所有的葡萄藤，这些土生土长的葡萄对外来入侵的害虫毫无招架之力。病虫害的迅速传播带来了空前绝后的大灾害，直接导致葡萄酒产业的崩溃，萧条了几十年，直到找到行之有效的解决方法之后，才重振昔日葡萄满园的盛景。

接下来发生的历史事件可以称之为"葡萄酒的重生"。20 世纪，酿酒行业取得了两大至关重要的重大成果。其一是法国化学家路易斯·巴斯德（Louis Pasteur）的重要发现，使人们更好地理解了酒精发酵中酵母所起到的作用；其二则是冷藏系统的日益普及，致使许多新产区

葡萄酒

得以建立，特别是新世界的葡萄酒。在第二次世界大战结束之后，新新产区的蓬勃发展绝非偶然，诸如加利福尼亚、澳大利亚和南美洲所出产的葡萄酒能打入世界葡萄酒市场，得归功于它们尊重法国的传统，并传播了简单易模仿的生产标准。20 世纪 80 年代到 90 年代期间，市场上充斥着这些"滑稽可笑的仿制"，似乎更多的是为了炫耀而非真正为我们所享用。时至今日，我们已回归传统，重新建立了富有声望且享誉世界的葡萄酒制造业，就如人们所普遍赞誉的那些葡萄酒庄。

葡萄美酒纵横寰宇

适合葡萄属植物生长的理想地理位置处于南北纬 30—50° 的温带地区，全世界所有耳熟能详的重要葡萄酒产区都集中在这个黄金纬度之中。细数北纬产区，涵盖了欧洲大部分地区，从法国香槟区到意大利的西西里，以及美国、加拿大和中国。最近几年，特别是从数据分析上来看，这些产地均取得了举世瞩目的发展。然而在世界葡萄酒版图中也不乏出人意料的地方，随着全球气候变暖问题日趋严重，导致一些地区的气候发生变化，其中受益者如英国，气温升高有利于当地出产一些令人趣味盎然的白葡萄酒和起泡葡萄酒，所有葡萄酒的消费量也因此在近年都有了惊人的增长。

欧洲仍然稳居世界葡萄酒产量的霸主之位。它的领袖实力来自于欧陆各国的众志成城——意大利、法国、西班牙、葡萄牙和德国，这些国家的产量总和远超世界其他地区。再论其价值，基本每一瓶的质量都无可挑剔。然而，近几十年以来，在当今科学技术的帮助下，那些被归为新世界的葡萄酒新兴产酒国家不仅能生产独一无二的单瓶装葡萄酒，还能建造产量高且品质稳定的工业化流水线。

美国西海岸的葡萄酒业可谓是风生水起，加利福尼亚州等地数量众多的葡萄庄园其历史可以追溯到 19 世纪。而如今，美国许多州都诞生了市场口碑良好的老牌葡萄酒制造商，密歇根州、俄勒冈州以及华盛顿、纽约都称得上个中翘楚。再看南美洲，除了已经提及的智利和阿根廷，拥有巨大潜力的巴西和乌拉圭也都赢得了世界的瞩目。几十年下来，南美洲早已登上世界葡萄酒舞台的中央，而新生代的酿酒师们也以生产者的技艺展现了一个国家无可估量的未来，成就了葡萄酒业与时俱进的发展。最后，同样重要的产地还有澳大利亚和新西兰，它们开启了工业化、系统化种植的新时代，这还要归功于 19 世纪末的移民带来的相关技术，使其在新世界葡萄酒中最富个性特色。澳大利亚的维多利亚州、新南威尔士州、南澳大利亚州和昆士兰州自然风光秀丽，也一一跻身理想的葡萄酒产区之列，每年世界各地那些成千上万畅饮而尽后的空酒瓶就是其受欢迎程度的完美证明。

先有葡萄，后有酒窖
——这就是葡萄酒的诞生

葡萄园

每一款葡萄酒都是三大必备因素相互配合而成的杰出成就，首当其冲的便是它种植和生产的地理环境，甚者距离仅差几百米，环境便迥然不同。尤其是地形和小气候，对于所有的葡萄酒酿造都起到了至关重要的影响。第二个需要注意的是葡萄品种，尽管各个品种经常毗邻而植，如黑皮诺、桑娇维塞、赤霞珠、内比奥罗、霞多丽、特雷比奥罗等优秀品种数不胜数，所酿造的葡萄酒也各具风味。最后一个重要因素，不外乎人类的辛勤劳作，如到林间地头初筛果实，到酒窖酿造美酒，所有的付出对最终的成品都有着深远的影响，而此过程也在悠久的历史中代代传承至今。这三大因素相辅相成，不可分割。

葡萄酒种类之丰富多样着实令人咋舌，更令人难以置信的是它们都仅出自于单一的植物果实——葡萄。这大概就是葡萄的魔法，世间没有任何水果，比如苹果树和由苹果汁发酵而成的苹果酒，像葡萄那样给予我们如此美妙又多功能的饮品——白的、玫瑰红的、红的，色彩缤纷，芳香四溢，时而轻盈时而厚重绵长，留于唇齿间，袅袅不尽。

它的百变实力在葡萄园中就已初见端倪。以葡萄所生长的地方为例，四季更替之间，植物完成了一个又一个的生长周期，葡萄果实也达到了完全的成熟状态。地理位置的重要性不言而喻，其地理特点将会左右之后葡萄酒的质量。最美的葡萄园通常坐落于地势较高的地方，而非平坦之地，湿气在高处汇聚成薄雾。此外，优质葡萄庄园需要充足的日照，以使葡萄叶尽情地进行光合作用。而且，为了保证葡萄的质量，生产期间还少不了大量的水源灌溉，这就是为什么那些过于干旱的地区不适合葡萄生长。同时，它们还要抵御一些气候因素的影响，因为一次冰雹或旱涝灾害的侵袭就足以使整个收成功亏一篑。

任何葡萄酒都饱受阳光和雨露的恩惠，葡萄是根茎吸收土壤中的水分，并在光合作用下产生糖分而生成的美妙果实，这个自然过程有开始也有结束。在葡萄最初的生长时间里，葡萄根茎消耗光了所有能量来使自己成长得更为茁壮。从第三、第四年开始，就结出了可为我们酿酒所用的果实。经过了岁月磨砺，根茎逐渐壮硕，果实自然越来越好，酿造出的葡萄酒口感也更复杂、更深沉。最后当它经过 25 年、30 年之后，就变成了老藤，产量明显降低。

然而，产自历史悠久的葡萄庄园的葡萄果实会有极高的声望，是酿造名贵葡萄酒的理想选择。但这也给种植者带来了令人纠结的难题，比如什么时候才是连根拔除、重新栽培的最佳时机，这得需要进行计算，因为在某些时候，老藤的显赫名声远远超过了其纯粹的经济效益。

一切都以葡萄为开端，所有决定都会为其带来因缘和果报，先见于果实，后酿其琼浆。这也赋予了葡萄酒无可替代的独特个性，作为一款商业化产品，它从未被完美复制过，因为岁岁年年不同的气候、人为挑选的机械作业、修剪及收获，都使得最终的果实不会雷同。

收获与酿造

在北半球，葡萄的生长周期开始于 3 月；在南半球，则变成了 9 月。在这段时间里，经过葡萄果农整个冬天去芜存菁的修剪工作，蛰伏了一季的藤枝里冒出了一抹绿芽，就像是一场完美的开场白，预示着硕果成长。不久之后，绿叶贪婪地吸取天地之养分快速成长，几周之后开出朵朵小花，随后纤细藤条上的花朵转眼又结出了圆润结实的葡萄。这是个需要精心呵护的阶段，仅遭受一场霜冻，损害也无可估量。经过几星期的茁壮成长，葡萄进入"青春期"，渐渐有了珠圆玉润的可人姿态，表皮颜色也发生了改变，由绿变红，在到达完全成熟的时候，便是最忙碌充实的采收季节了。

何时收获、何时酿酒，准确的时间点充满了经验之谈的变数。这的确难以一概而论，毕竟地区有别、酒窖有别。在采收之前，酿酒者们时刻关注着果实的某些指标，如糖含量和酸度水平。这些因素又深受天气影响，好天气总比暴风雨的天气收成好，而且过长时间的降雨会极大地危害农作物的质量，甚至过于炎热的天气也会影响后续工艺。在一些地区，最佳的采收时间要等到太阳落山之后，以便在适宜的酿造温度中将葡萄带去酿造厂。

对于所有酿酒厂来说，一年之中最为忙碌的莫过于丰收季节，一辆辆装满新鲜葡萄的采收运输车川流不息地往来奔走于路上，赶着去处理。算不上完全现代化的技术工艺之中，一些重要的酿造步骤一如既往地从未改变。葡萄被倒入一个巨大的去梗机器中，除去梗枝和叶子。然后将出来的果皮和果肉的混合物进行加压，这一过程是耗费了几个世纪时间摸索出来的酿酒智慧，在葡萄酒生产的文明历史中具有代表性意义。随后葡萄汁被灌入大容器中，开启了它最奇妙无比的旅程——发酵。葡萄酒被定义为发酵食品，简而言之，就是葡萄汁中的酵母将糖转换成酒精和二氧化碳，然后分散到了空气里。这就是为什么普遍来讲，气候较为炎热的国家更多产酒精度数较高的葡萄酒，就因为果实的含糖量高。发酵过程短则几天，长则数周，这取决于不同的因素，但都与温度息息相关。一旦发酵过程被终止，葡萄酒却未完全酿成，在装瓶之前，就需要足够长的时间来陈化。

陈 酿

当葡萄汁蜕变成为葡萄酒，特别是红葡萄酒时，二次发酵是必不可少的一个步骤，人们称之为苹果酸乳酸发酵。这是在某种特定的细菌作用下，将酒中刺激又强烈的苹果酸转化为柔和的乳酸。然后使葡萄酒产生充满个性的感官特质，酒体颜色也开始变浅，香味更加馥郁纯净，口感则圆润又和谐。不论其持续时间长短，葡萄酒的陈酿常使用橡木桶，上等好酒更是如此。橡木是一种非常受人欢迎的木料，与栗木、樱桃木、合欢木不同，其密封性有限，而少量氧气的渗入能如愿地让葡萄酒"呼吸"，即保证葡萄酒与氧气能够持续接触，使口感变得更为复杂，同时橡木桶木质的自然气味也会或多或少影响葡萄酒的风味。

最负盛名的酒桶来自法国，这个国家在该领域有着历史悠久的传统酿造工艺。然而新时代的酒桶多产于美国或其他国家，因为在价格方面它们更具竞争优势，已成功在市场占据了一席之地。

斯拉沃尼亚（Slavonia）产的酒桶也备受重用，因为它们的大尺寸很适合长时间的陈酿。酒桶常会被做成大大小小的不同尺寸，法式大酒桶更是流行广泛，其容量有225升。与之媲美的另一种大酒桶，容量可达300至500升。酒桶的质量非常重要，作为容器，即使不具有更多的功能性，一只上好的酒桶，其制作过程也可能耗费数年之久，有时木条暴露在空气中还将散发出强烈的香味。当然，将葡萄酒存储于别的容器之中也未尝不可，如格鲁吉亚（Georgia）。那里有着代代相传的酿酒传统，坚持使用又大又迷人的泥土罐，这种容器在世界各地的酿酒过程中获得了持续的好评。

葡萄酒不仅在陈化的同时不断地进行"自我发展完善"，而且成分也日趋稳定，直到一切就绪只等装瓶（这个时间取决于葡萄酒不同的具体规格，或根据酿酒师的判断而定）。此时，葡萄酒迎来了漫长路途的最后一站，在灌入玻璃酒瓶、正式问世或被我们倒入杯中品尝之前，酿酒厂还会让葡萄酒享受一次大休憩，以使其能够更好地沉淀。

把握玻璃酒杯的每个角度
——建议和比对

品鉴任何一款葡萄酒都是一次无与伦比的探险，会受到许多因素的影响，比如历史渊源、地理环境，以及人类的味觉。它被视为一门深奥的学问，让人心怀向往，又因开放的思维敢于不断求索。每一种葡萄酒都有能力震撼我们的味蕾，甚至连最资深的饕餮也会为之惊艳，它始终提醒着我们葡萄酒是种怎样神奇的存在——独特且无可取代，其悠久的历史更使其所到之处对当地的历史民俗在数周之内产生影响。照理来讲，品尝任何饮品，包括葡萄酒在内，都可分为三部曲——望、闻和尝。在这些步骤中一瞬之间所捕捉到的体验，转而又将相互交融，以向我们展现出每种葡萄酒的朦胧美感，不论白葡萄酒还是红葡萄酒大抵都是如此。

视觉分析

这是与葡萄酒的第一次接触，品尝者可以先用眼睛；对面前即将以嗅觉和味觉来进一步探索的杯中之物做出大致判断。所有葡萄酒的外貌无一不透露着宝贵的信息，不仅包括它的进化过程，还有成分和类型。举个典型的例子来说，如果液体颜色过于暗沉，那么想必入口之后余味也不会绵长，因为这款酒在它的进化曲线上早已走到了尽头。葡萄酒的颜色来自于葡萄皮，在酿造过程中葡萄皮会改变酒体的颜色。这就是为什么玫瑰红葡萄酒虽然只是在发酵前短时间的浸皮，却能有如此富有个性的色泽。同理可用于某些白葡萄酒，如葡萄皮在经过长时间的浸泡之后，颜色将变得清澄如琥珀，比起"一般"的白葡萄酒要显得深一些。不同的葡萄品种也会造就不同的酒色，如黑皮诺和内比奥罗所含的色素就比梅鹿辄和赤霞珠少。由此可知，视觉分析能告诉我们很多杯中美酒的有用秘密。

将葡萄酒倒入杯中——绝不超过杯子容积的 1/3，且凝神注视液体流动时的颜色变化，测试时最好在亮光环境下举杯观察数秒（以白色手帕为背景也可）。新酒通常有着明亮的颜色，以红葡萄酒来说，日久色衰，而白葡萄酒则越发暗沉。最重要的一步就是，仔细观察酒体在酒杯中由中间向杯沿晃动时颜色所发生的变化，而其所揭示出的秘密就是，红葡萄酒会特别显现出石榴红色和橙色阴影。但最重要的因素还是在于酒体颜色本身的质感，如酒体对光的折射效果。一杯晶莹剔透的葡萄酒，其口感一定馥郁、美妙、和谐。

葡萄酒

视觉测试不仅止步于颜色的辨识。比如，倘若酒体在玻璃杯中能迅速摇动，并在杯底留下较稠的波纹，这一定是款酒精度较高的葡萄酒。通常它的浓度、流体运动，或多或少都能帮助我们揣测它的构成。其次还有酒的泡沫，特别是起泡葡萄酒。在你凝望气泡的瞬间迸发，将是何等简单的美感，往往会激发身体本能的兴奋。这时还有许多待观察的要素要求我们目不转睛，比如葡萄酒在倒入酒杯瞬间产生的气泡是否是完整且干燥的，又是否会转瞬即逝。泡沫丰富当然更好，但一些特别的陈年起泡葡萄酒却是例外，其泡沫越小反而越显品质，气泡也会持久不断，在倒入杯中数分钟后仍在起泡。对于所有葡萄酒而言，都有一条普遍适用的准则，即颜值越高，质量越好。事实上，一款绝好的起泡葡萄酒会产生大量细腻且持续不断的气泡，这并非玻璃杯中发生了"爆炸"，而是源源不断的气泡上升到了液面，这一景象无比优雅而迷人。

葡萄酒

从左至右

高脚杯是搭配起泡葡萄酒最著名的玻璃杯，广泛用于各种节庆场合。

得益于它郁金香花朵般的形状，使其更有助于准确地品尝上好起泡葡萄酒不同的细微差别。

作为一款具有多功能用途的玻璃杯，适合特别复杂的红葡萄酒。

广泛用于黑皮诺葡萄酒，这款玻璃杯很适合精致且香气复杂的红葡萄酒。

从左至右

特别的形状使它适合于品尝陈年的红葡萄酒，以便于完美展现所有的细微差别。

完全适合日常使用，尤其是白葡萄酒和最简单的红葡萄酒。

纤细、高挑，适合新鲜的白葡萄酒。

一款使用广泛的玻璃杯，适合大部分白葡萄酒。

从左至右

得益于其独特的形状，适合品尝结构更加复杂的白葡萄酒。

多功能玻璃杯，适合加强型葡萄酒。

一款广受欢迎的玻璃杯，适合偏甜的葡萄酒。

专为苏玳葡萄酒量身定做，现在多用于更为复杂的甜型葡萄酒。

葡萄酒

嗅觉分析

在这一阶段中，我们的鼻子会尝试捕捉葡萄酒中的香味，不仅要细细分辨这些气味的强度和浓度，更重要的是味道的质量。第一次闻香的时间一般短于第二次，闻之前最好先轻轻摇动酒杯，使杯中的葡萄酒略作圆周运动。这样一个细致的动作能帮助葡萄酒的表面更多地接触空气，从而释放出更多的芳香物质。感官所感知到的"信息"越多，葡萄酒的香气就越馥郁。在复杂的情况下，品酒是个需要足够时间与耐心的享受过程，特别是对于那些在酒窖沉睡了很长时间的琼浆玉露来说，要想展现出它们不同层次的气味特征，往往需要花上几分钟时间。

嗅觉分析包含于味觉分析，要求品酒者进行大量的练习并积累丰富的经验。年复一年的锻炼能够在脑海中建立起清晰的香味和气味，这有助于诠释一杯葡萄酒从诞生到进化过程中最深藏不露的独特品质。对于新手来说，这是葡萄酒探索过程中最富有挑战性的一步，尤其在刚开始的时候。一款葡萄酒不应该被简单地感受并作为一个简单的个体被评价，它的香气由许多不同的元素融合而成。尝试着去记住一些香味，并能在不同的葡萄酒里辨识出它们，这种学习对品酒很有帮助。樱桃、黑莓、柠檬和蜜桃等水果类的香味都比较容易被察觉，一些专业品酒师也会通过"嗅探"的方式来训练嗅觉灵敏度，从而培养出能在不同环境中辨别不同气味的能力。

在传统认识中，葡萄酒的香气分为三级，即初级、二级和三级。初级的味道来自于酿酒葡萄品种的气味，这类气味可以令人很轻松地追寻到某单一品种的葡萄，只需开瓶然后闻一闻即可。很显然，所有酿酒的葡萄品种闻起来味道都不尽相同，香味强烈的我们称之为芳香型，一旦经过发酵，如琼瑶浆、米勒·图高，或者更小范围的雷司令和霞多丽，都能在酒杯中释放出充满花香的气味。二级香气主要产生于发酵期间，与葡萄汁转变为葡萄酒的这一化学过程有着密切联系。它们所包含的气味可谓五花八门，香味分类繁多，有水果、水果果酱、白色、红色、黄色鲜花和蜂蜜，而且与酿造期间的生产工艺息息相关，其中最重要的是发酵温度。然而，我们在杯中可以辨认出的气味远远不止这些，在葡萄酒成熟的过程中，酒内所含的香味会不断变化。这一阶段中葡萄酒在不断地完善自身，产生的新气味也会赋予其新生命。此外，葡萄酒陈酿所用的容器也会对气味产生影响，如橡木酒桶会增加一种烤香草的香味。

也正是如此，使得葡萄酒世界的香味如此迷人，每一种或者绝大多数香味，都或多或少地与酿制葡萄酒所用的葡萄品种、诞生地以及酿造方式有关。比如一些比较出名的品种，青辣椒的气味能提醒我们这款红葡萄酒用的是赤霞珠，紫罗兰的香味则是内比奥罗的暗示，还有黄油味的霞多丽。迷人的香味世界有待我们继续探索。

味觉分析

这是品尝中最为重要的部分，之前的种种推测都将由此得到确切证实或彻底推翻。如果嗅觉能感受到葡萄酒的香气，那么嘴巴就可以清晰地分辨出其中的基本构成，如柔和或生硬的口感，甜味、咸味和苦味，单宁强度，以及是否能口齿留香。轻抿一小口，使葡萄酒液充分、均匀地平展于舌苔的各个味觉区域并在整个口腔之中停留十几秒，以捕捉味蕾传达来的信息，最后将其缓缓咽下。这一时刻，品酒者能够总结出所有基本要素，以了解葡萄酒的口味表现、整体的平衡感和真正的"内涵"。

我们通过嘴和舌头可以分辨出甜、咸、酸、苦这4种味道。甜味与葡萄酒的含糖量有关，比较容易辨识，尤其是在甜酒之中。当葡萄酒中糖的残留含量低于一定临界值时，我们的舌头能感受到一种圆润的口感。这也是所有葡萄酒都表现出的一种质感，包括起泡、白和红葡萄酒，至于感觉强烈还是隐晦则取决于葡萄酒的类型。圆润感可使葡萄酒的口感如天鹅绒般柔滑。咸味，如字面意思，关乎于葡萄酒中的盐分，以及舌头中前部敏感察觉到的轻微矿物质味道，这是某一部分葡萄酒的独特风味。酸味，以典型的柑橘味道为例，涉及葡萄酒的酸度，能决定这款酒的清爽度是强烈或轻微，可对圆润度起到调节平衡的重要作用。苦味，能勾起我们苦涩的感觉，是葡萄酒中比较少见的特征，区别于收敛感，两者不应混淆。除了这4种主要味道，我们的味蕾还能侦查到由葡萄酒结构带来的所谓的触觉感受。单宁，尤其在红葡萄酒中，能激起口腔收缩、发干的感觉，也就是所谓的收敛感。其他触觉感受，比如温暖感，取决于葡萄酒的酒精含量和圆润度，这是如甘油这样的多元醇所做出的贡献。所有的这些特征一开始总有不少迷惑性，但随着品酒者品鉴经验的增加，自然就可以轻松地加以辨识，并对酒体做出准确判断。通常要求品酒者必须从高品质的葡萄酒所展现的完美平衡感里判断出整体中的某个部分。

最后，葡萄酒的余韵同样重要，也就是在慢慢喝下之后，唇齿舌尖依旧能感受到表面残留的酒液及其味道，在绝佳的品酒体验中余香丰富且持久。葡萄酒的余味并不仅仅以口腔中味道消失殆尽的时间为衡量标准，更重要的是余香的品质如何。一款收敛感十分强烈的葡萄酒，单宁含量会比较丰富，从而留给味蕾过多的苦味，且长时间萦回不尽，大多数平衡感欠佳的红葡萄酒大抵如此，平衡感不足还会导致口感生硬。这就是为什么余味感不能只按时间先后顺序进行比较，而是要从整体上的不同特点、强度、总体的愉悦感和优雅感来做出判断。所有高品质葡萄酒都有一个共同的特点，即都能够为品鉴者留下美好回忆，吸引他们迫不及待地再次举杯，更深刻地去欣赏美酒。

配餐饮用

　　如果将品酒比喻为探索葡萄酒世界的一场美妙旅程，那么在这趟旅程中分析它与食物的关系就显得格外刺激。每一道菜肴都能找到指定的葡萄酒来增强其某方面特征，使之相配。葡萄酒是如此的优秀，因为它"多才多艺"，拥有令人印象深刻的馥郁馨香，且与不同风味能搭配出无穷组合，这一点世上任何一款饮品都无法做到。葡萄酒是真正的主管大臣，抑或是仆人，它能控制每道菜的细微差别，不仅使菜肴更加美味，还能在味觉上丰富其迷人的特色与风味。

　　葡萄酒出现在人们餐桌上的历史节点已经得到了明确证实。我们知道，在古希腊文化中葡萄酒习惯上被放在餐后饮用，并加入温开水稀释，但它是什么时候开始陪伴一日三餐的疑问至今仍无定论。这可能是一个循序渐进的过程。据历史考据，古罗马人会在餐前喝上一些简单的葡萄酒，然后在餐后享受酒体更为醇厚的葡萄酒，通常是甜酒——里面添加了蜂蜜和香料。人们对于葡萄酒的消费需求延续至今，从未改变。历史上，关于葡萄酒配餐的最早书面记载出自著名的历史学家、地理学家圣·兰瑟里奥（Sante Lancerio）之手，约在 16 世纪中期，他作为教皇保罗三世的侍酒师，负责将葡萄酒提供给教皇陛下，并每天用日记记录他所选出的每款葡萄酒的独特之处，常常还伴有美食建议，如搭配的菜肴。当时，每个地区和城镇几乎完全依靠周边葡萄产区的生产来维持葡萄酒消费，当地人自然以当地的传统菜肴来搭配。一些实用的搭配方式便由此而来，且与传统和季节密不可分。这些搭配来自于各地区数百年家庭风俗的文化结晶，虽已时过境迁，却早已相辅相成。当我们旅行或拜访一个新地方的时候，关于风俗习惯方面的内容很值得我们深入研究与学习，日常生活中传统的当地菜肴往往也是当地葡萄酒的最佳搭档。

　　葡萄酒该如何搭配食物就像是种微妙的艺术，需要经验的积累和不断的训练。任何画蛇添足或是美中不足的搭配，都会改变整道菜的味道，甚至还会抹杀它的特色。而且，尽管在这方面已经有了约定俗成的原则，但每个人倾听身体本能和味觉的记忆仍会产生不同的见解。一闪而过的搭配灵感，有可能让葡萄酒与菜肴成为 1+1>2 的美食大赢家。

　　葡萄酒配餐的成功，不但能提升菜肴的风味，还能让美食与美酒焕发活力与生机。基本上来讲，就是在第一口酒和第一口菜之后，深深吸引你忍不住一口接着一口地吃。当然，在这之中也有很多例外和令人为难的菜肴，比如富含柠檬或醋的菜肴，要想搭配出令人满意的组合就没那么容易。但是，仍有一些简单的规则能够帮助大多数人找到合适的搭配，这需要玩味一下一致性与并列性的小概念，同时也涉及一些葡萄酒与食物自身特点之间的结合与对比。而相互和谐的极好例子就是甜品，通常选择甜型葡萄酒来搭配，这与餐后享用一块蛋糕和一杯干型起

葡萄酒

泡酒的习惯恰巧相反。

同样的道理也适用于食物搭配，也就是不同要素要彼此能"走"到一起，而不是一方受到另一方的制约与打压，一道风味浓郁的菜肴可以压制住一杯较为单薄的葡萄酒，反之亦然。

为了正确地搭配葡萄酒，我们有必要了解不同菜肴的特点和葡萄酒的特点，才能使两者共同发挥所长，和谐共进。

以下是一些实用建议：

◎ 对于口感比较浓厚的菜肴，通常能为味蕾带来一定程度的芳醇，这种"重口味"会钝化味觉，此时搭配咸味明显或充满气泡的起泡酒就比较和谐。比如，味道厚重的奶酪、冷餐肉和一些红肉。

◎ 对于口感微甜且相当柔和的菜肴来说，与酸味强烈的葡萄酒相得益彰，虽然咸味和起泡葡萄酒也能起到类似的作用。比如，意式烩饭、披萨、土豆和豆类为主的菜肴，以及带壳类的海鲜等。

◎ 对于酱汁较多的菜肴来说，其酱汁会伴随口腔中残留的葡萄酒给味蕾带来触感，因此具有良好单宁结构、酒精度数较高的葡萄酒更容易搭配出和谐的口感。比如，炭烤、焖烧和炖煮的红肉。

◎ 对于比较油腻的菜肴来说，会有油滑的口感，容易与酒精度数较高的葡萄酒搭配出和谐的口感。比如，黄油、食用油用量较多的菜肴，以及猪肉和烤肠等。

◎ 对于口感特别酸的菜肴来说，搭配有一定酒精度数的葡萄酒能完美平衡两者口感。比如，用番茄烹饪的菜肴，烤鱼和腌肉等。

◎ 对于口感有点苦的菜肴来说，搭配一款柔和且酒精度数适中的葡萄酒，两者可和谐并存。比如，某些品种的奶酪、蔬菜、烤鱼和内脏类菜肴。

在任何情况下，我们依靠经验和自身的味觉记忆来尝试全新的、不可预知的葡萄酒配餐，是一次通过我们的感官进行的稀有"探险"。

静心潜藏于酒窖，
泰然晋升餐桌宠儿

酒 瓶

    市面上的葡萄酒瓶千奇百怪，高的、矮的、胖的、瘦的都有，而它们的形状必定有其独特的功能性。以起泡葡萄酒为例来说，它所用的瓶子通常被人们称为"香槟酒瓶"，玻璃瓶壁较为厚实，其目的在于酒瓶能承受瓶内二氧化碳积聚产生的压力。而被称为"勃艮第款"的酒瓶，在法国勃艮第产区尤为盛行，它有着非常明显的"瓶肩"，能防止倒酒时瓶里的沉淀物被一起倒入酒杯。如今最受欢迎的波尔多酒瓶和意大利皮埃蒙特（Piedmont）大区朗埃（Langhe）产区的经典阿尔贝萨酒瓶也具有同样的功能。几乎所有的葡萄酒产区在历史发展中，都创造出了一款适用的酒瓶，比如闻名遐迩的阿尔萨斯酒瓶和来自莱茵河谷的莱茵酒瓶，就分别用于两大产区的白葡萄酒。葡萄酒是种生而为分享欢愉的饮品，因此作为容器的酒瓶也有惊人的大容量，双倍酒瓶被称为"马格南酒瓶"（Magnum，1.5升）。此外，还有更大的以色列王酒瓶（Jéoroboam，3升）和玛土撒拉酒瓶（Mathusalem，6升），这样的容量十分适合特殊的庆典场合，甚至还有容量超过15升的酒瓶种类！

    如果有个好用的开瓶器，要开瓶葡萄酒简直易如反掌。市场上我们能找到各种材质和类型的开瓶器，但其中最广为使用且值得信赖的非"侍酒师刀"莫属了。它轻巧、方便，整体由不锈钢制成，手把上配有两个柄，以便于利用杠杆原理取出软木塞。

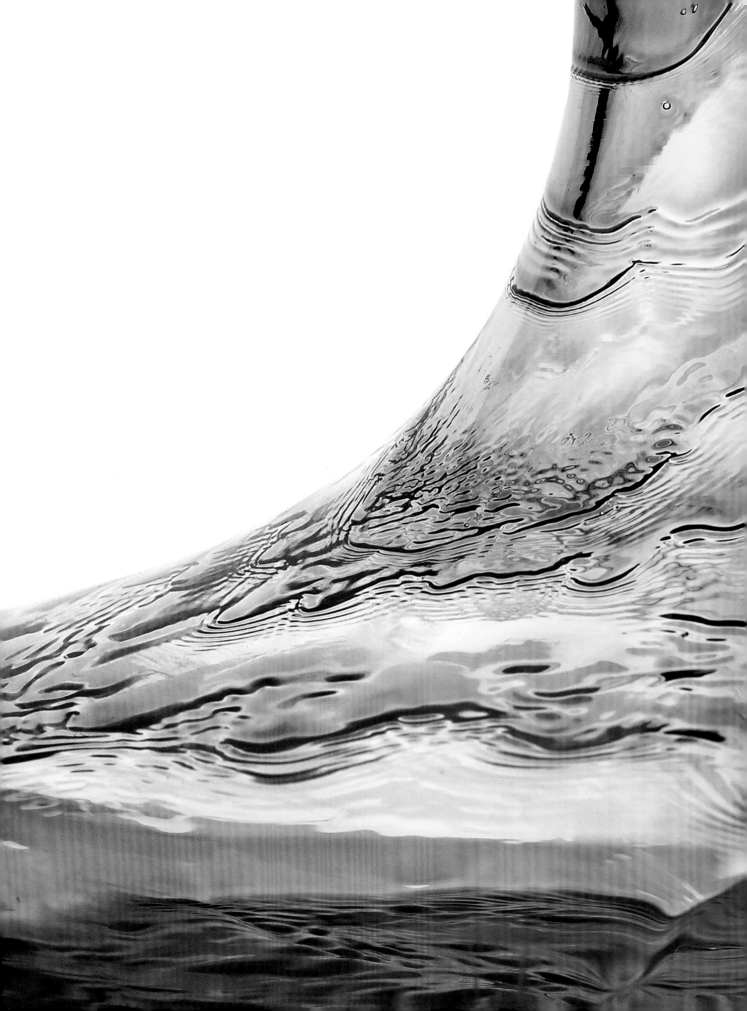

直到现在，软木塞仍然是欧洲优质葡萄酒最为常用的密封原料。而它的一些替身，比如螺旋盖，也正慢慢在市面上兴起。人们为此争论不休，但有一点可以肯定，对于简单且仅在短短几个月或者几年时间里就会被消费掉的葡萄酒来说，螺旋盖无疑是完全适合的替代方式，尤其是它没有变质软木塞带来的可能性污染，因此越来越受到葡萄酒制造商的青睐。

　　特别需要注意的是，对于一些陈年窖藏的酒瓶来说，由于盛放的是葡萄酒，尤其是红葡萄酒时，瓶内可能会产生一定量的沉积物。这时，一款醒酒器则有助于葡萄酒迅速氧化。如果是"完全成熟"的葡萄酒，直接倒出会使葡萄酒突然遭受空气氧化，故应将其直立放置数小时，以留出足够的时间等待沉积物沉淀至瓶底，然后再极其小心地开瓶畅饮。

从左至右

波尔多酒瓶：名字来自于同名法国产区，它已逐步成为世界上最流行的葡萄酒瓶。

波尔多酒瓶（高肩）：适用于部分著名红、白葡萄酒。

波尔多酒瓶（高肩）：容量为 0.375 升的小尺寸版本，广泛适用于多种甜型葡萄酒。

勃艮第酒瓶：名字来自于同名法国产区，适用于红、白葡萄酒。

阿尔贝萨酒瓶：名字来自于意大利皮埃蒙特大区的朗域产区，特别适用于巴罗洛和巴巴莱斯科葡萄酒。

莱茵酒瓶：经典的德国酒瓶，已成为雷司令葡萄酒的象征。

从左至右

香槟酒瓶：适用于全世界各种类型的起泡葡萄酒，不只限于香槟。

香槟酒瓶（高级特酿）：瓶身更具曲线，常用于高级别的香槟葡萄酒。

马沙拉酒瓶：名字来自于意大利西西里岛的同名小镇，它历经百年悠久历史的经典瓶形始终未变。

波特酒瓶：名字来自于葡萄牙的同名小镇，其特别有棱角的肩线可避免倒酒时沉淀物进入杯中。

普罗旺斯酒瓶：已越来越少见，适用于法国南部生产的一些精致的玫瑰葡萄酒。

克拉夫兰酒瓶：仅在法国的汝拉（Jura）产区使用，是汝拉黄葡萄酒（新鲜葡萄酒）的象征。

最佳饮用温度

　　最能品出葡萄酒味道的温度范围相对比较广泛，最简单的起泡葡萄酒最好在 6—8℃ 饮用，而 18—20℃ 适合于大部分陈年红葡萄酒饮用。品鉴一款温度过高的白葡萄酒，可提升口感上的圆润度和温暖度，但为此损失的是其独一无二的新鲜感。相反，如果喝的是彻底冰镇过的红葡萄酒，低温可以增加它的骨感部分——尤其是单宁结构，且会隐藏起主要的味觉特征。值得牢记在心的一点是，在厨房这类温暖的环境里，所有的葡萄酒一旦倒入酒杯后很快会升温，口感越丰富的葡萄酒在饮用前越需要放入冰箱冷藏几分钟，这也是为什么这一步骤不应被质疑的原因，因为在开瓶后短短几分钟它们便能达到自身理想的温度。许多红葡萄酒曾因名扬在外的"室温"建议而惨遭暴殄天物的命运，致使它们的美味无法得以体现，尤其在炎热的夏日。有种非常有用的工具，那就是葡萄酒冷却器，即将水和冰块装满容器容量的 2/3，以便在数分钟内快速降低葡萄酒的温度。

　　以下这些建议很值得参考，正如人们经常说的，葡萄酒总是冷一点比热一点好。

◎　6—8℃，酒桶二次发酵法制成的起泡葡萄酒，干型和甜型皆可。

◎　8—10℃，新鲜且酒体单薄的白葡萄酒、"酒泥陈酿"白葡萄酒，以及使用香槟酿造法（或古典法）制成的起泡葡萄酒。

◎　10—12℃，酒体中等的白葡萄酒、新鲜且酒体单薄的玫瑰葡萄酒，特别适合于使用香槟酿造法制成的酒体饱满的起泡葡萄酒。

◎　12—14℃，酒体饱满的玫瑰葡萄酒、风干白葡萄酒和利口酒。

◎　14—16℃，新鲜且酒体单薄的红葡萄酒。

◎　16—18℃，酒体中等的红葡萄酒。

◎　18—20℃，酒体丰满的红葡萄酒，尤其适合于陈年酒。

对于酒窖的管理

不论规模大小，一座优质的酒窖通常具有三大特征，而满足这些理想条件的环境可以完美无缺地存储珍贵的佳酿。

比如，光线照射对葡萄酒品质的影响最大，不管是自然光还是人造光。这就是为什么一座高品质的酒窖必定没有窗户，因为要保证日光无法直射进来。酒窖一般都建造于地下室的其中一个原因就是为了控制环境温度，优质酒窖里的平均温度相当稳定，冬天不会彻骨严寒，夏天也不会酷暑难耐。不过许多学院派研究最近证明，小范围内的温度波动对佳酿的存储是有积极作用的，它能帮助葡萄酒"呼吸"，使其缓慢且持续地进化和发展。除了极少数的例外，一般酒窖的参考温度基本介于 13—14℃和 17—18℃之间。同时，酒瓶需要水平放置，以使软木塞时刻与葡萄酒保持接触，不至于变干燥，从而防止木料发生令人讨厌的过早氧化。这也是为什么理想的酒窖需要有一定的湿度，但不能湿气过重，从而有助于在一般的厨房中包裹瓶体防止酒标损坏。如果将酒窖建在一个没有强烈味道的地方也是很不错的，但奶酪和熏肉通常要储藏在隔离开的房间中进行熟化。此外，酒窖中还要尽可能减少震动，比如尽量远离靠近火车或地铁附近的地方。

上述内容虽然都是泛泛而论，但已被证明是行之有效的好方法，特别适用于需要让瓶装酒安然沉睡多年的酒窖。反之，如果这瓶酒在几个月内就会被饮用殆尽的话，这些规矩就变得可有可无了，房间里的任何地方都适合短时间的摆放储藏。

起泡葡萄酒的气泡与魔力

晶莹的气泡不断地轻快上浮，跃然于杯中，随之而来的便是甘之如饴的醉人魔力，似乎这样的葡萄酒能获得一种非同寻常的纯度，如同一种古代智慧的召唤。然而，起泡葡萄酒相对比较年轻，它的诞生与玻璃的发明和越来越受到人们欢迎的软木塞有着密不可分的联系。这两种存储原料为本不可能产生的食物创造出了基本条件，能够让二次发酵的葡萄酒装在酒瓶里产生泡沫，如今它们的身影常常出现于各类聚会和庆典活动的现场。

这类葡萄酒充满了无限的多样性，仅其颜色就可从非常淡薄到极其浓烈，令人联想起金色或者玫瑰红，甚至是一些罕见的红色。它们无一不能散发出令人印象深刻的丰富气味。馥郁的花香、或多或少的温暖，然后褪去水果香调，比如柑橘果香或者白色、黄色和红色浆果一类的水果。所有这些香味都与葡萄酒生产所用的葡萄品种息息相关。对于酿造全世界最重要且最有名的起泡葡萄酒，多以传统方法为上选，比如香槟，其特点之一就是二次发酵带来的独特气味，有种面包皮、酵母面团、小杏仁饼、奶油蛋卷，以及甜点和蜂蜜的味道。一旦被灌入瓶子里，它们能够以独特的方式进化与完善自己，但又不尽相同。以流行的普罗塞克葡萄酒为例，就是以一种完全不同的技术进行酿造，从而使葡萄酒在装瓶后进化得更为新鲜、更具芳香，其直接坦率的清爽感也令人倍感愉悦。

尽管起泡葡萄酒已风靡世界各地的各个葡萄庄园，但仍只有极少数产区才能生产出高品质、具优雅感，且拥有很长生命力的起泡葡萄酒。其中最重要的就是已经提及的香槟产区，然而整个法国都以为数众多、品质优异的克莱芒（Crémants）起泡酒名声大噪，从卢瓦尔（Loire）河谷到勃艮第（Burgundy）、阿尔萨斯（Alsace）以及其他地方。在越过法国国境线后，起泡葡萄酒被冠以更多名字，这些叫法通常与生产地有关，如意大利的弗朗齐亚柯达（Franciacorta）和西班牙的卡瓦（Cava）。起泡葡萄酒论其美食功能，并不甘心只作为一瓶开胃酒。恰恰相反，得益于自身与众不同的构成，有些起泡葡萄酒是有实力驾驭任何类型菜肴的佐餐酒，不论配餐极其简单还是穷极奢华，它们迷人的天性吸引着人们充满好奇和仰慕的目光。那么话就不必多说了，现在我们只需要开一瓶！

香 槟
（CHAMPAGNE）

共享派对之乐！

气泡、气泡、气泡，世界上没有其他任何一种葡萄酒能像香槟葡萄酒那样广受欢迎，其"起泡葡萄酒之父"的名号也是名不虚传。它具有悠久的历史与独一无二的产区特征，只有极少数葡萄酒能如它一般惊艳且震撼，造就自己的神话。

这段故事可以追溯到几个世纪以前，尽管香槟产区种植葡萄和酿酒的历史早在古罗马时期就已开始，但直到16世纪这片产区生产出一种"灰酒"（vin gris）才日益出名。这种玫瑰般粉嫩的酒色酿自于黑皮诺、莫尼耶比诺与霞多丽葡萄，酿造时没有接触葡萄皮，这在当时显得很是不同寻常。因为葡萄酒无法彻底完成发酵，特别是在寒冷的冬天，当酒液还留有轻微甜度时就不得不被装走。随着入春后气温的逐渐升高，瓶子里残留的糖分逐渐分解成酒精和二氧化碳，"困"在瓶里的二氧化碳又促使葡萄酒进一步碳酸化。然而如今我们所熟悉的香槟诞生于18世纪，还得归功于玻璃酒瓶和软木塞的普及。作为或多或少可以控制二次发酵的一个基本要求，酿造过程中得以进行第一次对陈酿的实验尝试，也就是说，不同来源的葡萄酒可以混合在一起，以获得最佳的酒体。此后，随着这些酿酒方法的不断改进，越来越受到许多国家的欢迎。感谢第一位领头人奠定的基础，香槟已持续不断地完善其酿造技术的发展，成为今天我们所见到的样子——全世界最棒的起泡葡萄酒。几个世纪以来，在绝大部分葡萄酒产区里，日益精湛的研究成果都被复制着一个相同的名字"经典酿造法"（或称为"香槟酿造法"，冠于产区名字之后）。法国很多葡萄酒产区将优质的起泡葡萄酒命名为克莱芒起泡酒，比如卢瓦尔、勃艮第和阿尔萨斯等。

大名鼎鼎的香槟产区位于巴黎东北方向约150公里处，那里充分说明了当地葡萄能酿出最高水准的优质起泡葡萄酒。因为这片产区集中了许多独一无二的风土因素，从气候到土壤，无论哪个因素都是其他地方无法比拟的。

霞多丽作为世界各地酿造起泡葡萄酒最合适的葡萄品种，在被称为"白丘"（Côte des Blancs）的香槟产区拥有更好的表现。

香槟产区的一大特点在于数百万年之久的白垩土，由石灰石和石膏混合而成，能很好地储存冬季和春季的雨水，并在干旱季节里长时间保持土壤湿润。不仅如此，同样的功能还发挥在储热能力上，夏季的温暖感能持续到植物越冬。香槟产区与众不同的原因还有很多，比如它是欧洲最北部的产区，地理条件决定了那里能生产出最高品质的葡萄酒（随着全球气候变暖，近来英国的葡萄酒品质也可与之一争高下）。

在过去几个世纪中，在人们孜孜不倦的探索下，这一产区能够挑选出现在用来酿造香槟酒的最合适的葡萄品种。这些葡萄品种有黑皮诺、莫尼耶比诺和霞多丽，它们经过岁月的洗礼，果实足以适应这片土地独特的风土条件，从而在缓慢持久的进化过程中不断提升自身品质，最终成为香槟酒的基地。

酒瓶标签上的内容为我们了解这瓶香槟酒的成分提供了非常重要的线索，如"白中白"（Blanc de Blanc）一词，表明此瓶酒只用霞多丽葡萄酿造而成；"黑中白"（Blanc de Noirs）则恰恰相反，是选用黑葡萄品种，如黑皮诺或莫尼耶比诺，或两者混合而成。纵观这个产区，前者更受欢迎，因为霞多丽更容易栽培及陈酿，在饱满度及优雅感上与其他品种相比也毫不逊色。

每年绝大多数在市场上销售的香槟酒标上都写着"无年份"（法语为"Sans Année"，或"SA"，即"without year"；或"NV"，即"non-vintage"的缩写），这意味着它们是由不同年份的葡萄酒混酿而成。为了使成品葡萄酒的差异控制在最小范围内，年复一年地展现其特点，所有酿酒师都努力使自家酒窖所产的葡萄酒能保持稳定的品质，而这样的葡萄酒也被称为"储藏"葡萄酒。这些葡萄酒伴随着利口酒10%—20%比例的补液用量（一种含有少量糖分的混合型葡萄酒），以增加一些独特的口感，使其能够在酿酒厂之间有所区分。相较于世界上的其他产区，香槟产区是特酿世代相传、名副其实的发源地，在那里酿酒师会聪明地将来自于不同年份的几种不同类型的葡萄酒混合酿造，成为又一种酿酒艺术。而负责这项精细作业的酿酒师（Chef de Cave）能确保最终成品，使其品质远超于混合酿造所用的单一品种。这种酿造过程极其复杂，充满了无法计算的变量，从过去一年的气候，到每座葡萄园的特点，或者是每片产区的差异，不一而足。如果这瓶香槟未经混酿，而是由产自同一年份的葡萄酿造而成，那么它将被标记为"年份香槟"（Millesimato）。在多数情况下，这等于晋级为最负盛名的香槟。

此外，糖分所扮演的角色也至关重要，能帮助我们更好地了解包装上所传达的信息。极干型香槟在酿造过程中就未"加糖"，这样的酒被称为"自然干型"（即Brut Nature，或Pas Dosé、Dosage Zerò），已越来越受到人们的欢迎。与之类似，含糖量略高的是"特干型"（Extra-Bruts）。这类葡萄酒所受到的赞美以及流行程度仅次于目前最为常见的自然型（Brut）。其他品种还有绝干型（Extra Sec或Extra Dry）、干型（Sec或Dry）、半干型（Demi-Sec）和甜型（Doux），甜口的香槟酒也往往拥有巨大的魅力。

最后，酒标上还包含有生产模式的描述，这组代号通常位于香槟商标下方，最常见的区分标准有NM、RM和CM。第一类为NM，是贸易酒商（Négociant Manipulant）的缩写，意为这部分酒厂是从第三方收购葡萄来酿造自有品牌的香槟，这在香槟产区有着历史悠久且为人们所熟知的明文规定，从而为许多酒厂提供真正可靠的葡萄来源。第二类则在最近数十年里才有了显著的增长，它就是独立农庄（Récoltant Manipulant），也就是说，这类农庄自己种植葡萄且专为自己酿造香槟所用。第三类即合作社（Coopérative de Manipulation），这令人想起法国传统的社会化酒厂，它们将所属组织内的葡萄集合在一起进行生产和销售。

总的来说，这一块独特的领域，不论大型酒厂还是小规模农庄都为此做出了贡献，以保持香槟经久不衰的神话、年复一年的收获。事实上，没有任何一款酒如香槟那样，成为派对聚会的标配，这也得感谢多元化的艺术杰作成就了它的非凡。

类型： 起泡白葡萄酒、干型。

颜色： 浅禾秆黄色，伴有细腻且持续不断的气泡。

酒香： 浓烈、纯净，充满花香与果香，同时带有矿物与柑橘香味，还有些许面包皮和小甜点的味道。

评鉴笔记： 或多或少的酸涩口感，取决于糖的残留含量，偏干或者圆润，饱满、和谐，且余味萦绕时间较长。

葡萄品种： 霞多丽、黑皮诺、莫尼耶比诺。

等级： 香槟 AOC（法国法定产区认证）。

产地： 法国香槟。

最佳饮用温度： 7—9℃。

最低酒精度： 10.5%。

配餐建议： 搭配海鲜类开胃菜，比如带壳类海鲜、生鱼片、什锦天妇罗，同样也适合意式烩饭、派和其他由陆地动植物烹饪的主菜。

普罗塞克（PROSECCO）

意大利式气泡

世界著名的意大利起泡葡萄酒，每年有高达 4 亿美元的酒业贸易，也有着一段古老的历史。"现在我想用散发着苹果香气的普罗塞克葡萄酒来润一润我的唇"，奥雷里安诺·阿肯提（Aureliano Acanti）在 1754 年写下的这句话成了普罗塞克最早的书面记载。在古罗马时期，葡萄最初被种植于普罗塞克的村庄里，靠近的里亚斯特（Trieste）的卡尔索山丘（Carso hills）上，那里曾经生产过一种名为普奇诺（Puccino）的葡萄酒。到了 13 世纪，歌雷拉（Glera）——一种白葡萄品种，在普罗塞克居于核心位置，曾极度盛行于威尼托（Veneto）和弗留利（Friuli）山区。与此同时，它利用自身的特点成了最流行、最受赞赏的酿酒葡萄品种。随着新兴技术带来的推动作用，起泡葡萄酒酿造于 20 世纪在庞大生产力的推进下取得了真正意义上的改变，普罗塞克的身影开始遍布世界各国人民的餐桌，迅速成为如今我们所看到的消费热潮中的绝对主角。

普罗塞克的产区范围极广，包括了若干省份和两处整片的区域，从维琴察（Vicenza）、威尼托大区开始，直到的里亚斯特、弗留利 - 威尼斯朱利亚（Friuli-Venezia Giulia）大区，几乎涵盖了意大利东北部大部分地区。在这片辽阔的地域中，有一块人们所熟知的土地被认为是整个产区的"心脏"，那就是距离威尼斯 50 公里，始于阿索罗（Asolo），结束于科内利亚诺（Conegliano）的一条丘陵地带，夹在这两个城镇之间的区域被视为普罗塞克葡萄酒最具影响力的产区——瓦尔多比亚代内（Valdobbiadene）。由于这个产区恰巧位于阿尔卑斯山和亚得里亚海正中间的位置，拥有理想的气候条件，它极其陡峭又难以种植的山坡上，反而是歌雷拉葡萄最完美的生存环境，能够发挥出最大的潜力展现自己。在所有葡萄酒的等级分类中，这里有一些极其有趣的起泡葡萄酒，它们充满活力，有强烈的后劲和高品质的纯度，其优质程度绝非其他产地所出的葡萄酒能与之相媲美。即使同样是在瓦尔多比亚代内这片土地上，这种起泡葡萄酒也被人们认为是在普罗塞克葡萄酒世界的金字塔之巅。这是一个特殊的地方，顶尖品质的葡萄在此处达到了拥有独特平衡的完美境界，人们称之为卡蒂泽（Cartizze），许多酒商以酒标上能冠以此名而自豪不已。

如今普罗塞克的发展，质与量并存，但如果没有意大利最具声望的酿酒学校所做出的重大贡献，一切都将无从谈起。这所学校最先建造于科内利亚诺，学校的每一门学科都见证了不同时代致力于生产过程的持续发展，跨越了从葡萄种植到葡萄酒酿造整个过程中的所有阶段。

类型： 起泡白葡萄酒、干型。

颜色： 浅禾秆黄色，伴有细腻且持续不断的气泡。

酒香： 芳香馥郁，带有新鲜的水果香，如苹果、梨、柑橘的气味，同时混有花香。

评鉴笔记： 清爽、偏干、饱满，花香隐约可寻。

葡萄品种： 歌蕾拉。

等级： 科内利亚诺·瓦尔多比亚代内·普罗塞克 DOCG（意大利保证法定产区葡萄酒）、阿索罗·普罗塞克 DOCG（意大利保证法定产区葡萄酒）。

产地： 意大利威尼托和弗留利 – 威尼斯朱利亚。

最佳饮用温度： 5—7℃。

最低酒精度： 9%。

配餐建议： 搭配蔬菜类菜肴以及由陆地动植物烹饪的开胃菜，特别适合于豆类汤品和淡奶酪。

如今，采收和第一次发酵之后得到的葡萄酒，我们称之为基础酒，它们在酒窖里经过短暂的休憩后被集中起来灌入不锈钢酒桶里，这便是普罗塞克葡萄酒的独到之处。在这些巨大的不锈钢密封压力容器中，葡萄酒中的糖分和酵母能继续发酵，从而产生令人倍感熟悉的气泡。这种方法的名称来自于它的发明者马丁诺蒂（Martinotti），即现在的意大利传统酿造法（Martinotti Method），它包括利用不锈钢密封压力罐进行不超过 30 天的二次发酵这一步骤。让我们来做个比较，在酿造香槟酒所用的经典酿造法或称为香槟酿造法之中，酒瓶内葡萄酒中的糖分会转化为酒精和二氧化碳，且这一转化过程将持续很长时间。在过去几年中，一些酿酒厂已经回归原始酿造方法，将普罗塞克基础酒灌装入瓶后进行二次发酵。这种葡萄酒带有少许浑浊感，却尽显绝美风味，被称为酒泥陈酿（sur lie）或泡酒渣（on the lees）。

不是所有普罗塞克都如出一辙，它们因产区不同而各具特色，尤其重要的是其残留糖分。天然型普罗塞克是最干的，在过去几年中已成长为最受消费者推崇的品种。超干型普罗塞克是传统类型，相对较干却又很柔和，能给人带来极大的愉悦感，适合于任何场合饮用。干型普罗塞克是最为常见的类型，同时也是最平易近人的一款，它微微的甜味能完美地为一顿美妙晚餐画龙点睛。在过去的几十年时间里，普罗塞克在任何情况下都展现出独特的灵活性，成为一款充满个性香味和平衡感的起泡葡萄酒，容易饮用且充满了传统和历史的沉淀。

在普罗塞克葡萄酒的一些产区里，受到石灰岩的强烈影响，葡萄酒普遍拥有独特的气味。

白葡萄酒的优美与和谐

在白葡萄酒这个概念之中，包含着一个纷繁复杂的世界，颜色、香味、口感、生产方式和地理环境均相互交融。如果将这些元素组合起来，将聚成一道极其迷人的风景，你仿佛拥有了一把白葡萄酒丰富表现的钥匙，为品尝者打开体验多彩味觉感受的惊奇之旅。无论它是深色还是近乎琥珀色，金黄色抑或是惨白色，每一瓶白葡萄酒都是一种对其根源的探索，联系着其产区的历史。白葡萄酒，作为葡萄酒自身的一个代名词，已伴随着人类度过了 2000 多年，忠实地跟随着迁徙和战争的步伐，适应所到之处的不同风土条件，即使是与发源地截然不同的环境也能泰然应对。多亏这漫长的适应过程，才有如今的机会，能让我们谈论法国的霞多丽和德国的雷司令，这两种葡萄都已尽力融入特殊的产地环境。几个世纪以来，伴随着人类的不懈努力，用它们酿造出的葡萄酒已无法被其他地方所复制，它已成为独一无二的存在。

凝望世界地图，你能看到这些优质的白葡萄酒是如何在不同纬度、不同地区展现身姿，这是件令人着迷的事。一部分优雅且具陈酿潜力的白葡萄酒来自于北部地区，如卢瓦尔、勃艮第和摩泽尔；有些来自于南方，其品质同样卓越，如意大利的伊尔皮尼亚（Irpinia），数量众多仅举一例。正是日积月累所提升的能力将所有优质的白葡萄酒联合了起来，它们挑战四季更替，即便在窖藏多年以后依然滋味诱人。无论它们陈酿于钢罐、木桶还是陶罐之中，岁月留下的是人类开拓其天性的历程，增强的是葡萄与生俱来的自然特征，最终保证了酿造而出的葡萄酒魅力四射。

它们也是"折中主义"的葡萄酒，适合于任何一天的任何时刻来享用，而且无论餐食如何搭配也不受影响，这一特征使我们了解到在葡萄种子寻找到的适宜繁衍生长的环境中，它们为何能广为流行。而且这一多样性也体现在一个极其令人震惊的美酒景色之中，让人不禁一杯接着一杯、一年又复一年地轻啜细品，让时间为其定位。

论其地理位置，比起勃艮第其他产区，夏布利更靠近香槟产区。它是法国葡萄酒标志性的黄金门户之一，其选用霞多丽葡萄为主要原料酿造出的白葡萄酒闻名遐迩。它们的矿物质气息浓郁复杂，酒香优雅且窖藏寿命长，是其他地区都无法复制的。

夏布利不仅仅是一款酒名，也是勃艮第产区最北部一个小村镇的名字，位于夜丘（Côte de Nuits）产区的西北、巴黎的东南方向。这座小镇距离首都 200 公里，其产地一直是红、白葡萄酒品质鉴定的一项重要参考。然而随着其他交通线路的发展，尤其是 19 世纪后半期根瘤蚜虫灾害的不期而至，这片土地也未能幸免于难，饱受长时间的折磨，不得不大规模地放弃农业生产。这场灾难在第二次世界大战时达到顶峰，稍微对比一下便可了解：1938 年白葡萄酒的产量达到 15,000 升，到 1945 年已跌至 481 升。在之后的几年时间里，夏布利逐渐恢复昔日光彩，人们重新建立起葡萄园和酿酒厂，来自于这片产区且拥有独特纯净口感的白葡萄酒再次令人难以忘怀。

夏布利的这份优雅源自于富含钙质和化石的土壤，以及气候环境，凉爽的天气有利于葡萄的生长，永远不用担心温度太过温暖，果实也能始终保持适中的新鲜品质。当地的葡萄酒制造商面临的最大威胁就是突然而至的春季霜冻，这时果农会架起数千台熊熊燃烧的煤气炉以加热葡萄园里的空气或弄湿植物，只有外部的冰层能保护葡萄内部抵御严寒，以免被冻死。

夏布利葡萄酒的分级代表了土壤和气候的重要性，特别是在最北部地区，所有分品级名庄都朝正南方或西南方，那里气候土壤条件完美，适合优质霞多丽葡萄的自然成熟。特级葡萄园共有 7 座，分别为沃德西（Vaudésir）、布朗修（Blanchot）、布果（Bougros）、克罗（Les Clos）、格努依（Grenouilles）、雷普厄斯（Les Preuses）和瓦幕（Valmur），它们都建立在能俯瞰夏布利村镇风貌的山丘上。地处这片优越环境之中的还有穆通（La Moutonne），其占地仅约 2 公顷的庄园并无官方的分级认证，但酒标独属于这座唯一的酒庄，算是这片产区中"垄断"经营的特例。

葡萄酒

夏布利（CHABLIS）

来自北方的白葡萄有着无法企及的纯度

在夏布利葡萄酒的金字塔等级中，位列特级园（Chablis Grand Cru）其下的便是一级园（Chablis Premier Cru），紧接着才是最为常见的类型——夏布利（Chablis）。最后是小夏布利（Petit Chablis），是较为年轻且单独认证的质量等级。

　　夏布利葡萄酒长久以来都被认为是"干白"的代名词，在20世纪末期，这些葡萄酒摆脱了在大部分葡萄酒领域颇受欢迎的柔和特质，其令人惊讶的强烈矿物质味道让人联想到燧石、打火石，以及令人愉悦的野花和柑橘香气。然而，杰出的夏布利葡萄酒含进嘴里的瞬间，便与世界上其他地区同样以霞多丽酿造而成的葡萄酒有着天壤之别。它是如此的复杂，具有侵略性的酸味，充满多面性，同时又容易饮用，整体的和谐将直接传达到每一个感官。

类型： 白葡萄酒、干型。

颜色： 浅金黄色。

酒香： 层次丰富、精致，带有青苹果、雪松、柠檬、椴木、石膏、黄油、香草、榛果仁的味道。

评鉴笔记： 新鲜且酸度均衡，具有显著的复杂感和持久力。

葡萄品种： 霞多丽。

等级： 霞多丽 AOC（法国法定产区认证）。

产地： 法国勃艮第。

最佳饮用温度： 8—10℃。

最低酒精度： 10%。

配餐建议： 搭配开胃菜和海鲜类主菜，特别适合牡蛎、带壳类海鲜、白肉和蒸蔬菜等菜肴。

夏隆堡
（CHÂTEAU-CHALON）
氧化的美感

　　充满自信且独具创新的小产量，是我们对令人惊奇的汝拉产区所出产的葡萄酒做出的简要概述。汝拉产区位于法国东部中心区域，与知名度极高的勃艮第相距不远。尽管规模较小，汝拉仍出产各具特色的白、红葡萄酒，酿酒的葡萄品种中包括黑皮诺，更本地化的普萨（Poulsard）——其味道更清爽、果味更浓郁，以及特卢梭（Trousseau）——其味道更温暖、深邃，然而汝拉却以白葡萄酒名声大噪。它们被分为两大类：一种是由传统方式酿造，像其他地方一样，氧化使其陈化，也就是人为贮存以接触空气；另一种不仅限于法国的葡萄酒，是整个产区的代表性做法，在葡萄酒世界中显得很是标新立异。

　　黄葡萄酒（Vin Jaune），酒如其名，是"黄色的葡萄酒"，最为出名。酿酒用的苏维翁葡萄长到完全成熟时被摘下、发酵，然后装入木质酒桶内经过很长一段时间的陈酿，而且酒液只装酒桶体积的 1/3。这些酒桶经久耐用，通常比一般 228 升的法式大酒桶还要大一点，常用木料中的橡木制作而成。在这样独特的容器之中，葡萄酒绝不会用"搅桶"工艺进行搅拌，所以酒液的表面会形成薄薄一层酵母菌膜，以防止葡萄酒发生危险的酸腐。这层薄膜，法语称之为"面纱"（voile），能创造出完美的环境，防止细菌滋生，可以保护葡萄酒长达 6 年之久。这就是葡萄酒得以进化和表达的方式，一旦灌装入瓶，它表现出的感官特点充满活力、极具特色，气味包括花生、榛果仁和其他一些干果，以及洋槐花蜂蜜、干草和麝香的气味，隐约还有蘑菇的味道。此外，黄葡萄酒在味觉上也给予我们独特的体验：口感较干，带有独特的平衡感，可让你在味觉上获得满足，并在一种非常清爽的基调里让你的口齿余香。

黄葡萄酒虽然在整个产区颇为盛行，但只有在夏隆堡省份的边境线之内才能冠以此地名，在那里我们能找到汝拉产区最负盛名的葡萄酒。在这片占地 50 公顷的产区里生产出的葡萄酒品质优异，生命力长久，在酒瓶中沉睡几十年也丝毫不因岁月流逝而黯然失色。这是令人难以忘怀的世间美酒。

　　不管是黄葡萄酒还是夏隆堡葡萄酒，传统的产品包装采用的是特殊形状设计的酒瓶，被称为克拉夫兰酒瓶（Clavelin），容量为 62 厘升，而非一般的 75 厘升。这自然有其个中缘由，我们推测是由于每升葡萄酒会因为在酒桶中的挥发，使自身体积减少约有 40% 左右，因此每一瓶的容量代表了最后留给酒商们的容量。

类型： 白葡萄酒、干型。

颜色： 浅金黄色。

酒香： 浓烈、深邃，带有水果果干、甘草、水藻、金合欢花、腐殖土和香草的味道。

评鉴笔记： 非常干却充满吸引力，有强烈酸味却余味绵长。

葡萄品种： 萨瓦涅。

等级： 夏隆堡 AOC（法国法定产区认证）。

产地： 法国汝拉。

最佳饮用温度： 10—12℃。

最低酒精度： 12%。

配餐建议： 搭配由陆地动植物烹饪的菜肴，特别适合陈年奶酪。

阿韦利诺·菲亚诺
（FIANO DI AVELLINO）

伊尔皮尼亚满腹优雅的杯中味

　　有一种顶级意大利葡萄酒来自坎帕尼亚（Campania）产区，更确切地说是阿韦利诺（Avellino）省的"心脏"。抛开对于意大利南部地区的所有固有印象，伊尔皮尼亚具有大陆性气候的所有特点，当地的平均气温位列整个区域最低，一年四季雨水充沛，因此产自这片土地的白葡萄酒往往缺乏温暖感。比起其他坎帕尼亚产的"同胞兄弟"，这种白葡萄酒更接近于某些法国葡萄酒。在过去几十年中，整个伊尔皮尼亚地区因为某些原因脱离了意大利南部主要运输网络的发展建设，致使公路发展尤为落后。这也意味着整个地区随着时代发展，依然牢牢遵从着当地传统的种植习惯，甚至影响到当地农业。这段历程曾是一个非常艰难的过程，这么说吧，在过去的一个世纪里，人们趋之若鹜地种植那些被认为抵抗力更强、产量更高的非本地葡萄品种，数十年来年复一年，这片土地也见证了自己日渐失宠的命运。而如今阿韦利诺·菲亚诺的真正重生，则要感谢那些孤立无援的酒庄这么多年来孜孜不倦地种植和培育，坚信这些葡萄的独特与个性。它确实是一款特别的白葡萄酒，能表现出自身的纯度与力量，在其他葡萄酒中也实属罕见，至少在意大利极为稀有。而且使用广为流行的不锈钢酒桶能让它展现出最好的一面，最大程度地发挥出特质，这也是它保持芳香又柔和的矿物质风味的方式，尤其是在葡萄酒尚显新鲜的时候。不过这都只是时间问题，随着葡萄酒的陈化，最好的阿韦利诺·菲亚诺随之孕育出了烟熏的味道、碘化的味道，以及碳氢化合物的气息。这是阿韦利诺·菲亚诺独特魅力与复杂性的又一大要素，也由于其微妙的差别与优雅，已成为意大利最为长寿，同样也是最优质的葡萄酒。

类型： 白葡萄酒、干型。

颜色： 禾秆黄色。

酒香： 犀利且纯净，普遍带有黄色鲜花、柠檬、柑橘，以及扁桃仁、榛果仁、栗粉、海盐和石膏的味道。

评鉴笔记： 清爽、醇厚，其酸度与风味之间有着绝妙的平衡感。

葡萄品种： 菲亚诺。

等级： 阿韦利诺·菲亚诺 DOCG（意大利保证法定产区认证）。

产地： 意大利坎帕尼亚。

最佳饮用温度： 8—10℃。

最低酒精度： 11%。

配餐建议： 搭配由陆地动植物或海鲜烹饪的主菜，特别适合汤品、木炭烤鱼、披萨和佛卡夏面包。

蒙哈榭

（MONTRACHET）

法国葡萄酒的巨大荣耀

作为世界上最负盛名的葡萄酒的发源地之一，在所有人的想象中，勃艮第代表着悠久历史、理想地域、优质葡萄品种和匠人高超工艺的完美融合。它幅员辽阔，从利翁（Lion）到第戎（Dijon），但没有包括位于西北地区的夏布利（Chablis）。这里的霞多丽和黑皮诺葡萄能够展现出完美的一面，赋予葡萄酒无与伦比的优雅和陈酿实力。从博若莱（Beaujolais），也就是佳美（Gamay）葡萄的老家，一直到马孔（Mâconnais）地区；从夏隆内丘（Côte Chalonnaise），到金丘（Côte d'Or），之后又被划分为博讷丘（Côte de Beaune）和夜丘，许多酒庄在此会聚，有百家之多，其中不乏品级名庄。但总的来说，它们都是些小规模的庄园，纵观整个产区，每座葡萄园平均不过 7 公顷多。这样零散的庄园领地正是勃艮第与众不同、举世闻名的特色，葡萄庄园里也总是种满了葡萄，然后通过若干酒庄进行酿造和销售，其独一无二的特色也使人们能够体味到这里的葡萄酒所蕴藏的细微差别。

此外，勃艮第拥有自己特殊的葡萄酒分级制度，要找最好的葡萄酒，那到金丘一定会有所发现。最简单且传播最广泛的葡萄酒自有指定产区，这些酒标肩负着勃艮第红（Bourgogne Rouge）或勃艮第白（Bourgogne Blanc），以分别界定红、白葡萄酒的葡萄产自不同村镇。而被称为村庄级葡萄酒（Village wines）的这类酒，只有来自于指定村镇，其名称才能出现在酒标上。有些村庄非常出名，比如普里尼 - 蒙哈榭（Puligny-Montrachet）、阿洛克斯 - 科尔通（Aloxe-Corton）、夜圣乔治（Nuits-St.-Georges）、沃恩 - 罗曼尼（Vosne-Romanée）等。这些葡萄酒常常是由单独的葡萄园来担当唯一的"主角"，即所有酿造同一瓶葡萄酒的葡萄皆产自该庄园。在过去的几个世纪里，勃艮第将最好的产区分为两大类，特级酒庄（Grand Cru）和一级酒庄（Premier Crus），各具特色的酒庄以简单的方式表明了该产区可达到并做到的最高实力水平。一级酒庄超过 500 座，占该地区总产量的 10%。在酒标上，它们总是将等级标注于所在产区的名字之后。特级酒庄约有 33 座，虽然产量不到总产量的 2%，但赫赫有名的它们已经不再需要把地理信息标注在旁边。

多亏得天独厚的地理特征，整个金丘产区坐落在断层悬崖的一边，产生断层的石灰石土壤是该葡萄品种的完美栖身之所，正对东部或东南部。这些葡萄园酿造出的葡萄酒彼此总显得不尽相同，但都十分优质，它们独特、纯粹，充满细节，富有活力，且陈酿力强。

在白葡萄酒中，可能最重要的产区便是蒙哈榭，这座特级酒庄占地 8 公顷，在夏瑟尼 — 蒙哈榭（Chassagne-Montrachet）和普里尼 – 蒙哈榭（Puligny-Montrachet）之间，位于博讷丘的中央位置。酒庄周围有 4 座相邻的葡萄庄园，也是特级庄园的一部分，分别为谢瓦利艾 – 蒙哈榭（Chevalier Montrachet）、巴塔 – 蒙哈榭（Bâtard-Montrachet）、比维纳斯 – 巴塔 – 蒙哈榭（Bienvenues-Bâtard-Montrachet）和克利优 – 巴塔 – 蒙哈榭（Criots-Bâtard-Montrachet）。在这里，霞多丽能够充分表现出自身的复杂性，至此才酿造出世界上最强烈、醇厚和强劲的葡萄酒。这些酒几乎都被装入 228 升的大木桶里进行陈化，人们通常称之为"搅桶"工艺，即定期用棍子搅拌葡萄酒，使沉淀在底部的酒渣上浮，与酒体重新混合。如此一来，葡萄酒得到了更坚实的酒体和更多的酒香。一瓶经典的蒙哈榭，首先映入眼帘的是它优美的金色光泽，随之而来的扑鼻酒香则带着苹果、山楂，以及黄油、东方香料、金合欢花蜂蜜、果脯、果干的味道，列于首位的就是在嘴里就可辨认出的充满余味的矿物质味道。醇厚、强烈、深邃又富活力，清爽却又余味持久，即使窖藏多年也依旧能够打动味蕾。它们的消费时机往往被建议要晚于采收 10 年，尽管酒价高昂，但值得一生至少品尝一次。

类型： 白葡萄酒、干型。

颜色： 明亮的金黄色。

酒香： 层次丰富、深邃，带有山楂、成熟葡萄、柠檬草、杏仁软糖、榛果仁、青苹果、黄油、羊角面包、金合欢花蜂蜜、石膏的味道。

评鉴笔记： 馥郁、柔软、酸度均衡，还有绝妙的和谐感。

葡萄品种： 霞多丽。

等级： 普里尼 — 蒙哈榭 AOC（法国法定产区认证）。

产地： 法国勃艮第。

最佳饮用温度： 9—11℃。

最低酒精度： 12%。

配餐建议： 搭配由陆地动植物或海鲜烹饪的主菜，特别适合烤肉、白肉，以及带壳类海鲜。

米勒·图高

（MÜLLER THURGAU）

馨香与优雅

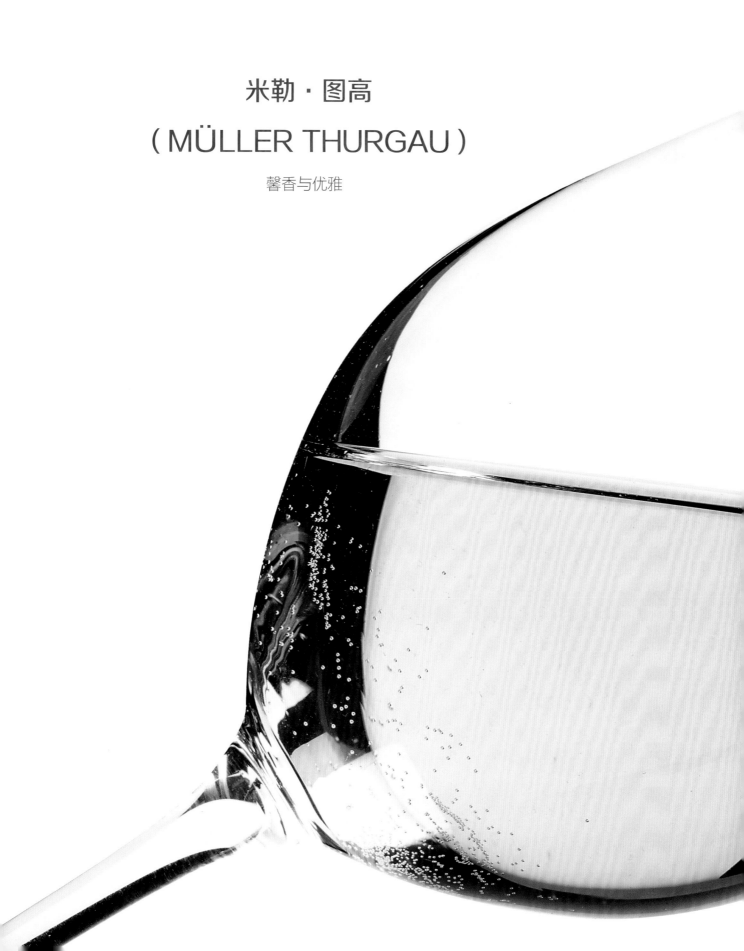

比著名的
琼瑶浆少了几分烈
性，经历了岁月蹉跎的
米勒·图高找到了自我发展的
道路，其独特的风味已成了许多葡
萄酒爱好者的心头好。伴随着自然原始
的香味，如苹果、梨、青柠、金雀花和鼠尾草，
形成了精致优美的口感，造就了它的优美，也适
合出现在各种不同的场合，以搭配各种各样的食物。
这款白葡萄酒来自同名的葡萄品种，1882 年由图尔高
州的瑞士植物学家赫尔曼·米勒（Hermann Müller）人工培育
而成。19 世纪中期到末期之间，人数众多的科学家们全身心致力于不
同葡萄品种的杂交培育，有时候两者差异非常之大。其目的只有一个，那
就是保留每个品种的特点以创造出具有全新特色的品种。以米勒·图高为例，
首推就是作为许多复杂、强烈、纯净的葡萄酒的基本酿造原料的雷司令。

葡萄酒

其次就是一直以来饱受争议的西万尼，它是法国阿尔萨斯产区和德国部分地区极为常见的品种，其早熟的特点非常招人喜欢。但最新研究表明，米勒·图高可能是已蔓延至欧洲中部国家的莎斯拉（Chasselas），或是较为稀有的皇家玛德琳（Madeleine Royale）的后裔。众说纷纭，但可以肯定的是杂交结果取得了成功，在瑞士从100—150株的少量实验性种植后，于1970年对这种葡萄进行了推广。而它取得空前成就的其中一个原因就是它拥有顽强的生命力，能"聆听"不同土壤和气候的"声音"，这也成为人们眼中最主要的特点。

时至今日米勒·图高虽然变化显著，却依然在巴登（Baden）、莱茵黑森（Rhenish Hesse）、弗朗科尼亚（Franconia）和莱茵—兰普法尔茨（Rhineland-Palatinate）等地极为流行。不但如此，在英国和瑞士的影响下，它在奥地利、意大利、匈牙利和捷克共和国也获得了极大的声誉。米勒·图高既可以酿出甜型，又能酿出起泡型，品质无不优异。但只有在传统的干型葡萄酒中，它才能表现出最好的体验感受，那股优雅、馥郁的气味混合着明显的新鲜感，所有因素都注定将获得成功。

类型：白葡萄酒、干型。

颜色：深禾秆黄色。

酒香：纯净，带有令人愉悦的柑橘、苹果、梨、菠萝、芒果、生姜和白胡椒的味道。

评鉴笔记：优雅、强烈、酸度均衡，还有绝妙的清新感。

葡萄品种：米勒·图高。

等级：莱茵露台。

产地：德国莱茵黑森。

最佳饮用温度：8—10℃。

最低酒精度：12%。

配餐建议：搭配素食料理、东方风味的菜肴、新鲜淡水鱼佳肴，特别适合蔬菜浓汤和其他汤品。

灰皮诺葡萄有着典型的深色表皮，其
深紫红色的诱人色泽很像紫铜。

灰皮诺
（PINOT GRIS）

阿尔萨斯之泪

由北向南，从斯特拉斯堡（Strasbourg）一直到法国东部的米卢兹（Mulhouse），阿尔萨斯大区以其白葡萄酒举世闻名。许多不同种类的葡萄自古以来在此繁衍，很少有杂交品种，其目的是为了突出它们独一无二的个性。当地的土壤、风土条件等种种特质，都与阿尔卑斯山北如诗如画的风景相辉映，也使阿尔萨斯葡萄酒如此与众不同。此外，还有一个原因在于，作为边疆地区，阿尔萨斯受到德国传统的葡萄酒酿造文化的极大熏陶，众所周知的德国巴登地区，相距莱茵河仅几公里之遥。阿尔萨斯产的白葡萄酒自然也就带着酸味，反而极少能如同在德国那样找出带有典型日耳曼风味的"微甜"品种。

在欧洲的大背景下，阿尔萨斯的另一个特点与它不同寻常的地质断层、不同地质镶嵌而成的土壤有关，故而酿造出的葡萄酒各有不同，充满戏剧性，哪怕彼此仅仅相距数百米。尽管如此，原始葡萄品种的名称赫然出现在酒标正中央，不像其他酒标总把产区放在这一主角位置上。葡萄酒的分级提供了有用的信息，位列特级酒庄（Grand Crus）的名庄能产出最优质的阿尔萨斯葡萄酒，其矿物味纯度高，陈酿表现好，然而这都来自产区的核心地带——阿尔萨斯最南端。其严格的生产管控使得该产区的产量较低，而且对于酿造有着更为严格的规定，酿造只选用最合适的葡萄品种——琼瑶浆（Gewürztraminer，法语拼写中没有德语的变音符号），以及雷司令（Riesling）、白麝香（White Moscato）和灰皮诺（意大利语中 Grigio 意为灰色，以下称为皮诺·格里乔，区别于同名的法国灰皮诺"Pinot Gris"，即皮诺·格里斯）。

皮诺·格里乔在意大利东北部地区非常受欢迎，它是皮诺·格里斯之父，也是该地区最受推崇的白葡萄酒。它悠久的历史能追溯到几个世纪之前的 1565 年，拉扎尔·德·史文迪伯爵（the Baron Lazare de Schwendi）从匈牙利的托卡伊（Tokay）小镇上带了一些藤本植物回到阿尔萨斯。一次在基安特赞（Kientzheim，伯爵城堡至今屹立在那里），他开始种起了这些葡萄种子，想要复制出名气响亮、口感精致的匈牙利甜型葡萄酒。然而，部分葡萄种植研究学者认为，伯爵带到法国的葡萄与曾经在托卡伊表现杰出的富尔明葡萄并不相符，他们相信它事实上已经是著名的黑皮诺（Pinot Noir）的克隆品种。

片麻岩是种古老的岩石，是造就阿尔萨斯葡萄酒绝佳特质不可或缺的一种重要土质成分。

这样充满误导性的语言持续了数百年，在1870年之前，它都被称为格劳尔·托考伊（Grauer Tokayer），后又改名为阿尔萨斯·托卡伊（Alsatian Tokay），最后名为托卡伊·灰皮诺（Tokay Pinot Gris）。混乱的命名问题直到2007年的欧洲内部协议中得以解决，消费者也自此摆脱了长久以来的困扰。

就像其他杰出的阿尔萨斯白葡萄酒一样，灰皮诺可以酿造贵腐葡萄酒（Vendange Tardive）或逐粒精选贵腐葡萄酒（Sélection de Grains Nobles）。前者是一种甜型葡萄酒，具有诱人的感官体验，采收常会推迟几个星期，以便葡萄裹在藤蔓上成熟，然后像酿造苏玳贵腐甜白葡萄酒那样，待果实外皮覆盖上一层薄薄的灰霉菌后进行采摘酿造，从而形成独特的风味。不过灰皮诺酿造的贵腐葡萄酒，在采收期间增加了一个更为严苛的筛选过程，只有最好的葡萄才会被认为是合格的，其形成的果蜜也才能拥有迷人的柔和感和复杂感，从而具备了与全世界最好的甜型葡萄酒一争高下的能力。

但是，最受欢迎的灰比诺葡萄酒非干型莫属，这种白葡萄酒散发着高雅的金黄色，会令人联想起它成熟果实的古铜色外表，且带有复杂又迷人的芳香，混合着杏子和其他果脯、果干、蜂蜜、蜂蜡和矮灌木丛的烟熏味道，特别是麝香、蘑菇和地衣的气味。在它最好的诠释里，灰比诺口感圆润的白葡萄酒，在清爽感和矿物味中还混有巧妙的柔滑感，随后又将得到一种精致的味觉感受，余味留于味蕾，令人回味无穷。毫无疑问，这是一款伟大的法国白葡萄酒。

类型： 白葡萄酒、干型。

颜色： 深禾秆黄色，通常偏于琥珀色。

酒香： 醇厚、优雅，带有柠檬、青柠、梨、苹果、橙皮、金合欢花蜂蜜和一些珍贵的矿物味道。

评鉴笔记： 非常清爽、柔和、醇厚，特别的酸味余味绵长。

葡萄品种： 灰皮诺。

等级： 阿尔萨斯 AOC（法国法定产区认证）。

产地： 法国阿尔萨斯。

最佳饮用温度： 8—10℃。

最低酒精度： 10%。

配餐建议： 搭配素食料理、海鲜菜肴，特别适合材料丰富的什锦色拉和烤鱼。

普伊—富美

（POUILLY-FUMÉ）

"长相思"无可效仿的香味

　　全法国一些最重要的葡萄酒来自于卢瓦尔河谷最东端的地区，如河流左岸的桑赛尔（Sancerre），右岸以南数公里之遥的卢瓦尔河畔普伊（Pouilly-sur-Loire）。这两种独特的葡萄酒常散发出特殊的香味，一旦尝上一口便令人铭记于心，仿佛带你遨游在树叶、青椒、菠萝、雪松、荔枝和西番莲扑鼻的水果清香之中。它们的气味谱中充满了金合欢花的香调，同时还伴有辛辣味，比如白胡椒味、矿物味和火药味。这些只是比较容易辨认出的气味特征的其中一部分，但已能发展出千差万别的微妙口感，最终又归于清爽。在此期间，葡萄酒的酸度得到了完美的平衡，酒体醇厚且余味悠长。

　　这样的气味和特点毫无疑问都归功于一种葡萄，这种葡萄品种也只有在这个产区才能释放出它的个性和优雅，它就是"长相思"（Sauvignon Blanc）。它举世闻名，在新西兰常作为某些高级白葡萄酒的基础原料，后被广泛传播到南非、智利和美国，几乎每个所到之处都有可能找到与原产地完全一致的葡萄果实。起源于波尔多的长相思，因其高品质和高产量的葡萄酒，被公认为全世界最重要的酿酒葡萄品种。

　　桑赛尔产区面积相当大，涵盖了几个省市，其中普伊 — 富美的生产规模较小，只有接壤的一些城镇被冠以相同的名字。两个产区的不同之处仅在于葡萄园的面积大小各异，桑赛尔将近3000公顷，而卢瓦尔河畔普伊则少于1500公顷。然而规模的差异在玻璃酒杯中几乎可以忽略不计，在它们最高级别的葡萄酒中，来自这两个不同产区的葡萄酒都表现出了独特的优雅感和复杂感，且具有良好的陈酿潜力和一种华丽的和谐感。

在卢瓦尔河谷，许多酒窖都用凝灰岩建造，天然岩洞也广泛分布于该地区。

而且，普伊—富美这个名字还暗示了它本身具有的，在其他地方不可能找到的一个特点。因为长相思所生长的土壤中富含硅和其他矿物质，因此酿造的葡萄酒有一种轻微的烟熏味，甚至会令人联想到火药，以及更强烈的矿物味道。这确实是一种极具吸引力又让人难以忘怀的特点。

类型： 白葡萄酒、干型。

颜色： 禾秆黄色。

酒香： 浓烈，带有轻微的荨麻、青椒、西柚、荔枝、菠萝、西番莲、金合欢花、香草和白胡椒的味道。

评鉴笔记： 新鲜、清冽、优雅，带有明显的酸味，且余味绵长。

葡萄品种： 长相思。

等级： 普伊—富美 AOC（法国法定产区认证）。

产地： 法国卢瓦尔河谷。

最佳饮用温度： 8—10℃。

最低酒精度： 11%。

配餐建议： 搭配素食料理，以及海鲜、烤鱼、蔬菜汤、浓汤。

雷司令
（RIESLING）

白葡萄酒中最耀眼的明星

如果这个世界有一种分类，涵盖了所有重要的葡萄品种，不论其名气孰高孰低，都不会少了雷司令的一席之地。这一品种为全世界酿造出了最有活力且陈酿力最强的白葡萄酒，而这些葡萄酒往往又忠实地反映出风土条件所赋予的不同风格，详尽地将自己所生长的土地里的故事向我们娓娓道来。对风土条件的坚持不仅包括地理纬度，还有当地气候以及所种植的土壤。

尽管雷司令的种植地区几乎遍布全世界，包括奥地利、捷克共和国、澳大利亚、新西兰、加拿大、美国等许多国家，但只有在德国和法国的阿尔萨斯产区，雷司令才能完全释放出该品种风土特色的潜力，甚至能酿造出优质的甜型和起泡葡萄酒。出产于这些产区的雷司令所拥有的纯净度、特别的平衡感以及悠长的余味，都使它脱颖而出。尤其在德国产区，一定的残糖量和明显的酸度完美融合，而略显夸张的清爽酸味更使葡萄酒达到了极高的无菌状态，同时少量的残留糖分也有助于使口感变得更柔软、更圆润、更有深度。德国的高级别优质葡萄酒（Prädikatswein），是一项国家级别的葡萄酒分级认证，规定葡萄酒中不允许人为添加糖分，且以采收时葡萄的成熟度来划分葡萄酒分级。卡比纳（Kabinett）是最清淡的一款，选用最早采收的葡萄酿制而成；迟摘（Spätlese，即晚收）的味道则更为强烈，通常带有微微的甜味；逐串精选（Auslese），从另一角度来说常化身为杰出白葡萄酒的代名词，即酒农们对人工采收的葡萄果实进行再次筛选，只挑选出最优质的葡萄串；逐粒贵腐精选（Beerenausleses），则是非常稀有的甜型葡萄酒，所用的果实是被贵腐霉侵入的贵腐葡萄；同样珍贵的还有枯葡精选（Trockenbeerenauslese），这种葡萄采收时间非常晚，果实几乎干枯得失去了自身极大部分的水分。除此以外，还有冰酒（Eisweins），即采收的是经过霜冻后的冷冻果实，因为冻结葡萄的香气和糖分更为集中。详细的标识十分有用，可以让我们更好地理解这些令人趋之若鹜的美酒，同时标识中还写有产地信息和残留的糖含量，比如"trocken"在德语里就是"干"的意思。

虽然从数值上来看，德国无法与法国、意大利和西班牙相媲美，但德国的一些著名葡萄酒产区所酿造的极其优雅的白葡萄酒仍是举世闻名的，这也是为什么雷司令的影响力如此不同凡响的原因所在。

这些葡萄酒通常褪去了绚丽的颜色，同时又带来了着实令人迷醉的味觉盛宴，在留出空间展现其最佳的一面和突出的特点之前，那混合了柑橘、雪松木、柠檬和蜂蜜等强烈气味，与鲜花、苹果、梨和杏子的香味一起萦绕唇齿舌尖，强大的矿物质气味在碳氢化合物中，特别在汽油味里，退去芳华。一旦举杯浅尝，由残留糖分保持的圆润口感平衡了单宁的酸涩，又令人倍感惊艳，使味蕾也感受到了最甜蜜的味觉体验，最后迎来那干净利落的余味。

这些小众美酒常来自于摩泽尔产区，同名的河流贯穿其中，赋予了非同一般的风土条件。摩泽尔位于萨尔堡（Saarburg）周边，是特别值得一提的德国最优质白葡萄酒的诞生地。萨尔河，属于摩泽尔河的一条支流，景色优美壮丽，葡萄园建在紧邻河畔的悬崖峭壁之上。对于葡萄来说，要从山体缝隙间挤出空间，捕捉生命成长不可或缺的阳光，实属艰难，却为整个葡萄酒分级体系提供了极具内涵的佳酿。同时产地也进一步向北扩张，在同为摩泽尔支脉的乌沃（Ruwer）河流域或皮斯波特（Piesport）周边区域，景致秀丽，很值得一访。

类型： 白葡萄酒、干型。

颜色： 浅禾秆黄色。

酒香： 层次丰富，带有梨、蜜桃、杏子、苹果、柠檬和蜂蜜的香气，以及矿物和碳氢化合物的味道。

评鉴笔记： 纯净、新鲜，在明显的酸味和微妙的余甜之间有着绝妙的平衡感，口感极其复杂。

葡萄品种： 雷司令。

等级： 摩泽尔。

产地： 德国摩泽尔。

最佳饮用温度： 8—10℃。

最低酒精度： 7%。

配餐建议： 搭配素食或东方美食，特别适合汤品、烩饭、白肉和新鲜淡水鱼菜肴。

阿尔萨斯产区的地质丰富多样，从分层填色的地形图上看去像打了马赛克，而石灰岩是该产区最影响葡萄酒口感表现的矿物之一。

苏瓦韦
（SOAVE）

浓醇与优雅兼而有之

当我们翻阅地图时可能会感到迷惑，纵观苏瓦韦附近广袤的地域你会发现这里主要由火山土壤构成，随着时间的推移周围的地理环境也发生了变化。那里被海洋沉积物所覆盖，经过海风侵蚀之后，就变成了如今我们所看到的土壤表面。那里的土地特别肥沃，养育出了充满复杂性和丰富性的优质葡萄。

这一地区一直被认为具有适合葡萄种植的必然性。回到古罗马时期，苏瓦韦因良好的地理位置和精耕细作的农业发展而远近闻名，也自然而然地成了贸易之所，连接起了近邻的维罗纳（Verona）市——位于前往意大利北部地区的交通要道上。如今我们仍然能在城镇中心的石刻壁画上阅读到如下碑文："作为法定工坊，在公元 1300 年后屹立 75 载……当农民们用他们的双脚碾碎葡萄……"这足以证明其在葡萄种植方面毋庸置疑的专业性。然而直到 20 世纪，苏瓦韦的名声才远播到了意大利之外的国家和地区。它的出名带动了产量的增长，并在 1926 年建立了相关组织以专门保护生产。但直到几年之后的 1931 年，苏瓦韦才获得了"经典的和杰出的"的评价，成了第一款为意大利所特有的葡萄酒。

苏瓦韦产自该地区最传统的葡萄品种——卡尔卡耐卡和一小部分的苏瓦韦特雷比奥罗葡萄。后一种葡萄在最近的研究中已证明是意大利另一种重要的品种维蒂奇诺葡萄的近亲。为了有效地区分最常见的普通葡萄酒和专业产区生产的名贵葡萄酒，当地人建立起了流行的分级制度，即"超级苏瓦韦"（Soave Superiore）。酒标上标明的"古典"（Classico）一词表示它产自历史悠久的产区，那里靠近苏瓦韦和蒙特福特（Monteforte）市区。

苏瓦韦丰富精致的香味和一定程度的醇厚感，为它赢得了高雅的定位。其成分由微妙的矿物质相伴而成，在酒瓶中静置长达数年之后，这一特点将愈发清晰地浮现而出。来自苏瓦韦的上等葡萄酒富有延展性，充满和谐感，在一系列独特的味道之中爱抚了我们的每一颗味蕾，准备就绪的它们只等我们去发现。

葡萄酒

类型： 白葡萄酒、干型。

颜色： 明显的禾秆黄色。

酒香： 纯净、成熟，带有樱桃花、青苹果、蜜桃、菠萝、扁桃仁的香味。

评鉴笔记： 优雅、饱满，以及微苦却又精致的辣味。

葡萄品种： 卡尔卡耐卡、苏瓦韦特雷比奥罗。

等级： 超级苏瓦韦DOCG（意大利保证法定产区葡萄酒）、苏瓦韦DOC（产地控制认证）。

产地： 意大利威尼托。

最佳饮用温度： 9—11℃。

最低酒精度： 11%。

配餐建议： 搭配汤品，以及意式蔬菜浓汤、肉食为主的前菜和白肉菜肴。

琼瑶浆
（TRAMINER AROMATICO）

如此沁人心脾的馨香

许多人称之为格乌兹塔明娜（Gewürztraminer），又名塔明娜·阿罗玛提科，产自上阿迪杰（Adige）产区，其确切的地域范围在特梅内（Termeno）镇附近。由于它持续不断地升值，多年以来，这款白葡萄酒成功遍布整个博尔扎诺（Bolzano）省和特兰托（Trento）省，以至于现在成了整个产区最负盛名的葡萄酒之一。说起琼瑶浆与众不同的特点，在于其气味的独到之处，这归功于它馥郁的香味——玫瑰花、柑橘、热带水果和麝香的味道。气味之间相互交融成为引人入胜的酒香而摄人心魄，牢牢地吸引住了每一代葡萄酒爱好者。

同名的葡萄品种，其起源问题一直是几个世纪以来人们争论不休的焦点，不仅在意大利，甚至还涉及法国和德国。其中，广受认可的一种观点表明，塔明娜·阿罗玛提科这一品种确实诞生于特梅内湖（Lake Termeno）沿岸，或者塔明娜（Tramin），也就是它所用的名字。首位提出这一观点的是德国葡萄品种研究学家赫尔曼·歌德（Hermann Goethe），他于 1876 年发表了著作《葡萄品种词典》（*Ampelographisches Worterbuch*），其中的《常见葡萄品种大全》（*General Ampelographic Catalogue*）则是学术界一座名副其实的里程碑。然而，在该作品发表后的第二年，也就是 1877 年，他所写的全球葡萄品种学散文集出版发行，由康特·朱塞佩·蒂·罗瓦森达（Count Giuseppe di Rovasenda）撰写了前言。这位中立的葡萄种植学家在书中详细记录了为数众多的研究笔记和成千上万的葡萄品种，他尽善尽美地履行着工作之责，并第一次指出琼瑶浆最早被发现于阿尔萨斯，而且这一观点也得到了当时另一位重要的葡萄品种研究学家皮埃尔·盖勒特（Pierre Galet）的大力支持。虽然附近的汝拉产区种植的本地葡萄品种萨瓦涅（Savagnin），与琼瑶浆有着诸多相似的特点，事实证明这一观点仍然有据可依。

　　关于起源一说，也并非一概而论，其他专家认为它也可能诞生于德国的莱茵河谷。19世纪中期，在该地区偶然发现了这种外观小巧而紧实，拥有粉金色外皮的葡萄品种。

　　众说纷纭之下唯一可以肯定的是，琼瑶浆所酿出的美酒的确深邃、柔和，充满迷人的魅力，也有着令人意想不到的矿物味、清新感，却几乎不带有酸味。这些特点均使它非常适合佐以不同菜肴，不论从种类丰富的地中海美食，到香辛料十足的东方料理，还是能带来强烈口感的欧洲风味，它只需搭配一道松露制作的前菜就足以醉人。

类型：白葡萄酒、干型。

颜色：明显的禾秆黄色，通常偏于金色。

酒香：活泼、陈年，带有玫瑰花、麝香、接骨木花、荔枝、香蕉和柑橘的香味。

评鉴笔记：柔和，其轻微的新鲜口感会给人带来愉悦的微醺和余味。

葡萄品种：琼瑶浆。

等级：上阿迪杰DOC（产地控制认证）。

产地：意大利上阿迪杰。

最佳饮用温度：8—10℃。

最低酒精度：11%。

配餐建议：搭配东方菜肴或海鲜，特别适合由带壳类海鲜制成的开胃菜、加有馅料的酥点和辣味肉食菜肴。

维蒂奇诺

（VERDICCHIO）

一款伟大的意大利白葡萄酒

意大利的葡萄酒数量壮观，在这令人叹为观止的酿酒盛景中，维蒂奇诺引起了我们特别的关注，它的名字取自马尔凯（Marche）出产的同名葡萄品种，这片产区正对亚得里亚海。这种葡萄用途极为广泛，既能酿造出众的起泡葡萄酒，又能摇身一变成为迷人的风干葡萄酒。但最能表现出它优雅个性的，还是更传统的白葡萄酒。维蒂奇诺的确是一款令人惊讶的葡萄酒，充满了多面性，能够淋漓尽致地呈现其风土特色。在其怡人的花香和果香之中，柑橘香味出类拔萃，带有一定程度的清爽感和始终如一的稳定结构。此外，相较于其他意大利白葡萄酒，维蒂奇诺的陈酿能力尤为出众，所以在采收后的若干年里都能酿出值得赞美的佳酿。

维蒂奇诺的指定产区之一坐落于意大利中部马尔凯大区的耶西（Jesi）小城附近，隶属安科纳省，从亚平宁半岛直到西临塞尼加利亚（Senigallia）的库普拉蒙塔纳（Cupramontana），那里为该地区出产最优质的葡萄酒付出了不懈的努力，尤其是维蒂奇诺，不仅创造出了非凡的高品质，还有余味悠长的完美口感。在意大利内陆和马泰利卡（Matelica）周边地区，维蒂奇诺则从另一方面展现了它更为清爽和有酸味的口感特征，其气味质谱分析中有鲜花，也有草木。总的来说，维蒂奇诺葡萄酒的纯净度无与伦比。而且它有两种不同的版本，一种是以其更简单、直接的口感惊艳众人，酒香四溢，平衡感极佳；另一种是以其更具霸气的口感著称，在采收之后常需耗费用两年时间制成的陈酿，才能得到深沉且有层次的佳酿。这款出众的葡萄酒已经有越来越多的酿酒厂在精心生产，而且在这几十年时间里都尽力表现出意大利白葡萄酒的所有优点。

类型： 白葡萄酒、干型。

颜色： 禾秆黄色。

酒香： 精致、愉悦，带有洋槐花、山楂、蜜桃、苹果、柑橘和类似蔬菜的香味。

评鉴笔记： 新鲜、优雅，风味与酸度极其和谐。

葡萄品种： 维蒂奇诺。

等级： 卡斯特里·耶西·珍藏维蒂奇诺 DOCG（意大利保证法定产区葡萄酒）、马泰利卡·珍藏维蒂奇诺 DOCG（意大利保证法定产区葡萄酒）、卡斯特里·耶西·维蒂奇诺 DOC（产地控制认证）、马泰利卡·维蒂奇诺 DOC。

产地： 意大利马尔凯。

最佳饮用温度： 8—10℃。

最低酒精度： 10.5%。

配餐建议： 搭配海鲜主菜，特别适合汤品、色拉和调过味的佛卡夏面包。

沃 莱
（VOUVRAY）

卢瓦尔河谷的迷人瑰宝

作为最著名的法国葡萄酒产区之一，卢瓦尔河谷自东到西绵延数百公里，是欧洲西北部最北端的葡萄种植区。它的美丽风光令人流连忘返，每年都吸引了大量游客，来探索古老的村庄和雄伟的古堡。

虽说卢瓦尔河谷产区的白葡萄酒极负盛名，但这片产区也能出产真正优质的葡萄品种，以酿造非常纯正的红葡萄酒、迷人的起泡葡萄酒和甜型葡萄酒，且无一不是个性十足。此外，它们还有一个共同的特点——具有清爽的酸味。这主要是由于当地地理纬度所形成的舒适气候造成的，夏天没有酷暑，冬天没有严寒。在舒适的环境中，品丽珠、长相思和白诗南这些品种找到了合适的条件，与勃艮第香瓜（与霞多丽有亲缘关系的葡萄品种，用以酿造南特著名的麝香干白葡萄酒）一起尽情展现优雅的魅力。白诗南是该产地名副其实的代表品种，尽管在其他国家和地区，比如南非和美国也日渐盛行，但仍然只有在沃莱这片土地上，在著名旅游路线的东部小镇中，它才能将迷人的个性展示于世人面前。

最好的沃莱葡萄酒拥有真正令人惊讶的烈度和优雅感，同时还混合着成熟苹果、胡桃、东方香料和蜂蜜的香味。它们的复杂口感总比清爽酸味先行一步，相对于其他高品级葡萄酒，即使轻呷一口也总会伴随着强烈的酸味和长时间的余味。此外，即便本身通常不是口感温暖，富有结构，伟大的沃莱葡萄酒却有着惊人的陈年能力，甚至可以盛放长达数十年。

尽管最流行的品种是干型，法语表示为"sec"，但葡萄酒的规格仍被细分成多种类型，比如优秀的沃莱葡萄酒被称之为"微甜（abboccati）"，即所谓的半干型葡萄酒。此外，还有甜白、雪莉酒等口感较甜的葡萄酒品种，而这些都是越来越受到人们欢迎的起泡型沃莱葡萄酒。酿造什么品种的葡萄酒，完全取决于"上帝"给了葡萄怎样的血肉，同时也会受到季节的影响。如果这一年的收成遇到了温暖的气候，酿酒师会更容易酿出含糖量较高的葡萄酒；换言之，如果采收时遇到寒冷天气，那就会选择酿造干白葡萄酒。这是一个基本原则，当我们想要读懂沃莱酒的酒标时这些信息就能派上用处，它详细标明了全法国最令人着迷又啧啧惊奇的一款葡萄酒。

类型：白葡萄酒、干型。

颜色：禾秆黄色。

酒香：馥郁、迷人，充满柠檬、柑橘和糖渍水果——苹果、梨，以及洋槐花和蜂蜜的香味。

评鉴笔记：偏干、优雅，酸味犀利，余味极佳。

葡萄品种：白诗南。

等级：沃莱 AOC（法国法定产区认证）。

产地：法国卢瓦尔河谷。

最佳饮用温度：8—10℃。

最低酒精度：11%。

配餐建议：搭配蔬菜佳肴和海鲜主菜，特别适合色拉、烤箱烘烤和铁架碳烤的鱼肉。

充满迷人魅力的红葡萄酒

纵观全世界，一些最为著名、饱受美誉的葡萄酒都是红葡萄酒，这绝不是一种巧合。它们的成功代表了各地葡萄酒制造者们栽培葡萄品种、适应当地"靠天吃饭"的气候以及特定地理环境的种种努力，也因此使世界上很多地方都培育出了优质的黑皮诺葡萄。然而它们身上的特质，都不像法国产的热夫雷·香贝丹葡萄酒那样与众不同。同样，意大利蒙塔尔奇诺出产的布鲁奈罗和桑娇维塞葡萄酒，抑或是西班牙产的丹魄和里奥哈都是无可替代的。诸如此类，不在此赘述。

红葡萄酒的惊人之处在哪里？或许是令人印象深刻的阵阵酒香，因为馥郁的芳香能更为迅速地唤起人们脑海中对于红色水果的联想，这也许是绝大部分红葡萄酒的典型特征。樱桃、草莓、李子、黑樱桃、蓝莓、覆盆子、黑莓和黑醋栗是首当其冲被人们捕捉到的嗅觉感受，也是酒体表现出的较为直接的一面。而且，在种种成分相互交融、逐步进化的过程中，葡萄酒的香味也开始施展"魔法"。一些精华伴随着木质酒桶赋予陈酿葡萄酒的气味，随着时间推移沉淀出了华丽的纯净口感和强烈的酒香。上好的红葡萄酒能够把所有这些气味感觉结合起来，宛如奏响一曲真正动人的交响乐。随着醇厚的口感演绎出的独特的味觉体验，最好的红葡萄酒淋漓尽致地表达出了恰当的酸度，以一种优雅的姿态，将味觉感受置于最重要的位置。

然而来自不同地理位置的红葡萄酒，无时无刻不在挑战着地理纬度和海拔高度。以法国为例，拥有世界上最出名的红葡萄酒发源地，如波尔多、勃艮第和正对地中海的莱茵河谷产区。意大利也从世界版图中脱颖而出，这要特别感谢托斯卡纳（Tuscany）、皮埃蒙特和不可思议的坎帕尼亚产区，许多非常令人难忘的葡萄酒都产自于此。此外，西班牙也不必多言。况且，国际化的繁荣景象更胜以往，令人难以置信的、有趣的葡萄酒层出不穷，从智利到美国的加利福尼亚，更别提南非产的极富个性的红葡萄酒了。可以说，没有什么能比探索一瓶红葡萄酒更令人兴奋的了。

瓦尔波利塞拉·阿玛罗尼
（AMARONE DELLA VALPOLICELLA）

柔和与优雅

果香、馥郁、柔和，以及无与伦比的浓烈——这就是在威尼托产区维罗纳绝大部分地区最负盛名的葡萄酒。瓦尔波利塞拉·阿玛罗尼干红入口温润，令你倍感温暖，就像其他意大利葡萄酒所极力追求的口感。酿制葡萄产自山野之间，鸟瞰流传着罗密欧与朱丽叶浪漫故事的村镇，仅在数十年之间，就受到了全世界的瞩目，知名度也与日俱增。就现实情况看来，阿玛罗尼被视为瓦尔波利塞拉·雷乔托（Recioto della Valpolicella）——当地一种传统的风干葡萄酒——的传奇进化，即发酵会在冬天到来的那一刻自然停止，然后以所含糖分的正确与否来作为酿酒的判断依据。然而，随着时间推移、季节变迁，葡萄的果干一开始是个美丽的"错误"——故事源自第一批阿玛罗尼葡萄酒剩了一些在酒桶里，在酒窖不为人知的角落里，它们不断地发酵，致使葡萄汁内的糖分消耗殆尽。多亏这一与众不同的特点，使这种苦味（正如"阿玛罗尼"名字之意）葡萄酒在很短的时间内就开拓了自己的市场。它问世于 20 世纪早期，一些葡萄酒制造商觉得这不过是个失败品，却不料在不到 1 个世纪的时间里反而成了整个半岛最具代表性的葡萄酒品种。

瓦尔波利塞拉·阿玛罗尼干红如此独一无二，不仅因为它不平凡的出身，更因为它的酿制过程与国际上众多葡萄酒相比呈现出完全不同的一种景致——用风干葡萄酿制而成的干红型葡萄酒。同其他混合葡萄品种一样，科维纳——众所周知的一个葡萄品种，就被用于该款葡萄酒的酿制。科维纳的收获时节在每年的 9 月末至 10 月初之间，采摘工人会挑选最健康、最成熟的葡萄来酿酒，因为只有最好的果实才能酿造出阿玛罗尼佳酿。葡萄鲜果被放在草垫上，同时空间较大且通风良好，这也是最关键的起始步骤，然后葡萄果实在接下来三四个月的时间内，随着水分的不断流失，自身重量将减轻 30%，以达到适合酿酒的最佳状态。到了次年一二月的时候，葡萄会被压碎，发酵开始。最好的酿酒师不使用任何人为提高温度的工具，他们会耐心等待它自然而然的发酵过程。最终，经过果皮数周之久的发酵以及木材的缓慢老化，从大橡木酒桶到更为现代的酒桶，进一步催发葡萄酒，使众多因素完美结合。换句话说，葡萄酒是一种工程浩大的混合产物。

与此同时，该地区的葡萄酒制造商也会花费许多时间，来学习如何从阿玛罗尼产区的农作物中使用果渣，以赋予瓦尔波利塞拉葡萄酒更高的圆润度。通常果渣不会被"无情抛弃"，而是与迟摘的葡萄混合放置 2—3 周，让果渣中的精华释放出一小部分，葡萄酒的层次也会因此有所升华。举世闻名的里帕索葡萄酒就是由此而来，这款红葡萄酒尽管只做了小小的一步改变，就成了当地接近维罗纳的经典之作。

瓦尔波利塞拉·阿玛罗尼干红这款与众不同、余味悠长的红葡萄酒，口感复杂，其混合果香之中带着沁人心脾的辛辣刺激，深沉且令人陶醉。撇开它的柔软度，尽管少了几分单宁的调和，但它与生俱来的优雅迷人也难以用言语表达。这是对其风味最好的演绎，在硕果丰收之后的很长时间里，都能给人带来巨大的惊喜。俗话说，一杯好酒能愉悦身心。

类型：红葡萄酒、干型。

颜色：深宝石红色，浓烈而晦暗。

酒香：浓烈、复杂，带有樱桃、黑樱桃、烟草、巧克力、欧亚甘草和水果果干的辛辣气味。

评鉴笔记：柔软、丰富，温暖且充满活力，余味绵长。

葡萄品种：科维纳、科维诺尼、罗蒂内拉。

等级：瓦尔波利塞拉·阿玛罗尼 DOC（产地控制认证）。

产地：意大利威尼托。

最佳饮用温度：16—18℃。

最低酒精度：14%。

配餐建议：搭配由陆地动植物烹饪的主菜，特别适合烩饭和烧肉类菜肴。

巴巴莱斯科
（BARBARESCO）

朗垓丘陵上的造物奇迹

巴罗洛不仅是皮埃蒙特产区最杰出的葡萄酒，甚至可以说是全意大利境内的骄傲。在朗埃丘陵的所有土地上，内比奥罗品种的栽培被人们视为至高无上的神圣使命。这一红葡萄品种在该地区的其他地方也颇为常见，却唯有在库内奥（Cuneo）和阿斯蒂（Asti）省之间的广袤土地上才能给予葡萄酒无与伦比的深沉和无法企及的优雅。

巴巴莱斯科这座小城，距离阿尔巴（Alba）西北部约 10 来公里，那里出产的葡萄酒在过去的几十年间一直都被视作更为出名的巴罗洛葡萄酒的替代品。直到 20 世纪七八十年代，凭着不断增长的产量和一些葡萄酒制造商的经营，才使得产自内维（Neive）、特雷伊索（Treiso），以及这个品种酿造的葡萄酒逐渐开始吸引到投资者的目光。这片土地长久以来一直致力的葡萄酒——巴巴莱斯科干红的首次正式登台亮相可以追溯到 1799 年，一份当地行政区保存的文档记录了这段故事。当时一位奥地利军官，在法国获得胜利后，下令"……一批（由当地货车改装的酒桶）优质的内比奥罗被送往设立在布拉的大本营"。到了 19 世纪，葡萄酒在范围更广的农业环境中只扮演了极小的角色，酿成之后也很少灌装入瓶，基本只为家庭享用。

然而所有的一切在 1894 年迎来了转机，位于阿尔巴的皇家葡萄酒酿造学校的校长多米兹奥·卡瓦扎（Domizio Cavazza），斥资买下了巴巴莱斯科城堡，并在该地区建立了第一家酒农合作社，即通过法定的合作经营模式整合资源，这在当时无疑是极为前卫的做法，而且这一方法至今仍在沿用。此外，合作社努力想要多走出 1 英里，以扩大巴巴莱斯科的产区边界。不幸的是，这家酒农合作社终究是昙花一现，在 1922 年关了门。到了 1958 年，在当地教区神职人员的投入下，保护酒农免受葡萄市场跌宕沉浮之苦的新的支柱至此出现，并继续着卡瓦扎先生未完成的工作。当地人对卡瓦扎先生非常感念，并尊称他为"巴巴莱斯科葡萄酒之父"。

几十年以来，说起巴巴莱斯科和巴罗洛的质感，不论过去还是现在，都与较晚的采收期和极其缓慢的果皮浸泡有关，同时还要在大橡木酒桶里进行长时间的发酵。撇开所有的共同点，巴巴莱斯科与巴罗洛之间的微妙差别由来已久，相比之下，巴巴莱斯科拥有更为柔和的单宁层次和更受人欢迎的果香调，而且新酒更容易被体验。这些特质不仅强调了巴巴莱斯科的独特性，也向世人骄傲地展示了朗垓地区出产优质红葡萄品种的事实，它们确实有资格跻身于意大利最好的葡萄酒之列。

类型：红葡萄酒、干型。

颜色：浅石榴红色。

酒香：浓烈，带有红色水果（甚至是果酱）、紫罗兰、肉豆蔻、烤熟的榛果仁、烟草和可可的气味。

评鉴笔记：无甜味，怡人的单宁略带苦涩味，丰富且和谐。

葡萄品种：内比奥罗。

等级：巴巴莱斯科 DOCG（意大利保证法定产区葡萄酒）。

产地：意大利皮埃蒙特。

最佳饮用温度：16—18℃。

最低酒精度：12%。

配餐建议：搭配由陆地动植物烹饪的主菜，特别适合野味、炖煮的肉禽佳肴和陈年奶酪。

巴罗洛
（BAROLO）

意大利葡萄酒之王

与生俱来的优雅，配上浓烈又深沉的口感，巴罗洛当之无愧地成为意大利皮埃蒙特大区南麓朗垓地区的红葡萄酒象征，经久不衰，令人引以为傲，只有少数几款意大利葡萄酒和国际上的其他葡萄酒能与之相媲美。归功于它浑然天成的独特酸度和明显的酚含量，巴罗洛酿成的新酒轻快愉悦，陈年之后又展现出非比寻常的华丽和典雅，堪称全世界范围内上乘红葡萄酒的典范。

另外，独具特色的风土条件也造就了巴罗洛充满多样性的不凡之躯，从一座葡萄庄园移步到另一座庄园，就算有时仅仅相隔数百米之遥，我们都可以看到种植地的不同风土环境对该款葡萄酒所产生的影响。这种多样性与涉及的不同土壤类型、光照条件、海拔高度均相关，最后同时也是最重要的，那就是不同的生产风格。一些具有重大意义的"附加地理参数"，其参考性正如部分当地酒庄定义的一样，不同酿酒师所生产的葡萄酒每一批都会有少许不同。从坎露比（Cannubi）葡萄园到布斯雅（Bussia）葡萄园，从蒙维格里罗（Monvigliero）葡萄园到伯奇斯峰（Bricco Boschis）葡萄园，再到维娜·瑞安达（Vigna Rionda）葡萄园，分布于整个产区的所有种植区域都被视为传奇土地。它们既有相同之处又各有不同，从而相互碰撞出多样性的火花。想来对整个意大利半岛上的巴罗洛葡萄酒进行一场品鉴之旅，该是最具吸引力的事了吧。

显然，事实并非如此，尽管葡萄种植在朗垓地区的历史源远流长，但巴罗洛的历史根基却相对较短。在19世纪中期，当地人着手酿造一种类似法国产的红葡萄酒，这还要感谢朱丽叶·科尔伯特（Juliette Cobert），即朱丽叶·法莱蒂·巴罗洛侯爵夫人（rchioness Giulia Falletti di Barolo）和卡米洛·奔索·迪·加富尔伯爵（Count Camill Benso di Cavour），正是他们二人共同将其引入当地。短短数年之后，巴罗洛被端上了都灵人民的餐桌，并在这座当时意大利最著名的城市风靡一时，成就了其在葡萄酒界的霸主之位，也为该地区奠定了第一的位置和生产设备的基础建设。这一生产系统已被逐渐完善——在大橡木酒桶中进行长时间休憩是葡萄酒彻底耗尽糖分的必要步骤，以达到无残留糖分，同时使其在新鲜时的酸味更为顺滑。

现在巴罗洛的品级村庄有巴罗洛（Barolo）、卡斯提里奥内·法列多（Castiglione Falletto）、塞拉伦嘉·阿尔巴（Serralunga d'Alba）和部分蒙弗帖·阿尔巴地区（Monforte d'Alba）。此外，诺韦洛（Novello）、拉莫拉（La Morra）、格林扎内·加富尔（Grinzane Cavour）、迪亚诺·阿尔巴（Diano d'Alba）、凯拉斯科（Cherasco）和罗迪（Roddi）也都位于库内奥省境内，当地得天独厚的风土条件使红葡萄酒品种产生了令人难以置信的、丰富的品种差异。

类型：红葡萄酒、干型。

颜色：浅石榴红色。

酒香：层次丰富，带有轻柔的干玫瑰花、紫罗兰、覆盆子、野生草莓、蘑菇干、白松露、湿土、烟草、皮革和薄荷醇的气味。

评鉴笔记：无甜味，怡人的单宁略带苦涩味，非常纯净。

葡萄品种：内比奥罗。

等级：巴罗洛 DOCG（意大利保证法定产区葡萄酒）。

产地：意大利皮埃蒙特。

最佳饮用温度：16—18℃。

最低酒精度：12.5%。

配餐建议：搭配由陆地动植物烹饪的主菜，特别适合野味、炖煮的肉禽佳肴和陈年奶酪。

最具争议的技术问题之一，是人们对生产陈年巴罗洛葡萄酒的酒桶类型意见不一，众说纷纭持续了好几年。传统主义者认准历史是诠释他们的葡萄酒的唯一钥匙，而现代主义者则认为小型的法式橡木桶——法国大酒桶，才是酿造最佳葡萄酒必不可少的一种生产工具。现如今，酿造方式各有千秋，不同的实践造就了巴罗洛的诞生，彼此和谐共存于同一屋檐下，并不强调与过去对比。这就是内比奥罗葡萄天赋异禀的证明，这种葡萄能适应大自然的环境，同样也能自如地应对匠人的工艺，在巴罗洛产区，它酿造出了举世无双的葡萄酒，其气味简谱中还涵盖了花香和水果香。珍藏几年的瓶装窖藏葡萄酒，其味道又转而变得非常怡人，令人联想起皮革、蘑菇和松露的味道，但这仅仅是少数一些我们所能辨识出来的气味，它的迷人、清爽、烈劲和醇厚实在毋庸置疑，值得我们耐心等待和深度挖掘。

内比奥罗葡萄最突出的特点之一便是它们的陈酿力。长久以来，内比奥罗是朗域产区最晚采收的葡萄品种，多于每年的 10 月末到 11 月初之间采收。

蒙达奇诺·布鲁奈罗

（BRUNELLO DI MONTALCINO）

上等托斯卡纳葡萄酒的迷人魅力

虽说蒙达奇诺·布鲁奈罗作为饱受国际赞誉的葡萄酒风靡于世不过是近几年的事，但不容忽视的是，这片产区酿造优质葡萄酒的历史已达数百年之久。1550 年，一位来自博洛尼亚（Bologna），名叫莱安德罗·阿尔伯蒂（Leandro Alberti）的修道士在自己撰写的《意大利综述》（*Description of Italy*）中，对这座杰出的城镇有过这样的描述："可口的葡萄酒来自于壮丽的丘陵。"这是天作之合。中世纪时期，蒙达奇诺（Montalcino）小城位于法兰契杰纳（Via Francigena）的朝圣之路上，这里曾是连接意大利北部和欧洲北部通往罗马的必经之路之一。几个世纪以来，形形色色的游客通过短租民宿、酒馆吃饭于此逗留，观光人流量的上涨也带动了葡萄酒消费量持续且显著的增长。当时最常见的是莫斯卡德洛，一种口感微甜的葡萄酒。然而，欧洲各地的口味逐渐发生了变化，没过多久，一款干红葡萄酒诞生了，它是由近代布鲁奈罗葡萄酒的"祖先"仅用桑娇维塞这单一品种的葡萄，通过大橡木桶陈酿而成。

在 19 世纪，布鲁奈罗明确了酿制方式，并沿用至今。关于红葡萄酒，其中最古老的历史可追溯到 1875 年，当时锡耶纳（Siena）省的葡萄品种学研究委员会（Ampelographic Commission）记载道："一款 1843 年的布鲁奈罗葡萄酒，酒色被形容为宝石红色，有一定酒精度数、酸度和提取物，可与当代最好的葡萄酒相媲美。下个世纪出口贸易繁荣，尽管整个产区的葡萄酒生产仍然受到根瘤蚜虫害的严重威胁，但第二次世界大战和佃农耕种制度已经结束。"从 20 世纪 70 年代起，庞大的私人投资帮助蒙达奇诺和当地的葡萄酒重新崛起。

蒙达奇诺产区位于锡耶纳省的东南部，受益于稳定又温和的地中海气候，在春夏两季，当地的葡萄在整个生长关键期都能享受到长时间的晴好天气。

该产区还受到了阿米亚塔（Amiata）山给予的庇护，其山脊形成了天然的屏障，以抵御如洪水、雹暴等自然灾害的侵袭。这是一个理想的地域，不仅适合葡萄种植，更有利于桑娇维塞葡萄的完全成熟，使其成为托斯卡纳所有产区中最为重要的葡萄品种。

　　蒙达奇诺·布鲁奈罗的特质就来自于它在酒窖里漫长而缓慢的陈化，采收之后直到上市面对消费者至少要耐心等待 5 年。在这段陈酿的时间里，葡萄酒被装入不同尺寸的酒桶里，从传统的大桶到现代的小桶，以分别获得独属于它的风味。和谐与优雅并存，不可模仿，使布鲁奈罗一经问世便显得如此与众不同，采收后长达几十年的陈酿仍然惊艳众人。可以说，这是最值得信赖，且最为长寿的意大利红葡萄酒。

类型： 红葡萄酒、干型。

颜色： 红宝石色，常偏于石榴红色。

酒香： 层次丰富，带有小个的红色水果（甚至是果酱）、混合浆果、干花、蘑菇、黑松露和肉桂的气味。

评鉴笔记： 优雅、和谐、无甜味，优质的酸度令余味萦绕不尽。

葡萄品种： 桑娇维塞。

等级： 蒙达奇诺·布鲁奈罗 DOCG（意大利保证法定产区葡萄酒）。

产地： 意大利托斯卡纳。

最佳饮用温度： 16—18℃。

最低酒精度： 12.5%。

配餐建议： 搭配由陆地动植物烹饪的主菜，特别适合菌菇类为主的菜肴、烤肉和烤野味。

葡萄酒

教皇新堡

（CHÂTEAUNEUF-DU-PAPE）

不仅仅受到教皇独宠的葡萄酒

教皇新堡农庄尽管规模不大，但其生产的一款葡萄酒却影响巨大，远近闻名。这款拥有非凡魅力的红葡萄酒一直被人们视为葡萄酒大国法国的最佳外交大使，这足以展现其深邃内涵和悠久历史。它与绝佳的风土条件密不可分，经得起各种不同方式的推敲和诠释，其万人迷的样子也始终未变，特定的结构和豪迈的地中海风格更为它做出了简洁的定义。

该产区的法定葡萄品种多达 13 种，最常见的是歌海娜（Grenache）、慕合怀特（Mourvedre）和西拉（Syrah），所有品种都以不同的配方比例出现在该产区几乎每一款葡萄酒里。以下这些所占比例很小的品种，如神索（Cinsaut）、密斯卡丹（Muscardin）、古诺瓦姿（Counoise）等等，也都是耳熟能详的名字。话虽如此，位列第一的歌海娜仍是赋予该产区葡萄酒独特个性的功臣，创造出了温暖、柔和和圆润的葡萄酒，珍藏多年之后其丰腴饱满的酒体仍为味蕾带来无与伦比的满足感。

迷人的罗讷（Rhone）河谷南部，风景秀丽，气候怡人，这里是法国最优秀的葡萄酒产区之一，教皇新堡就产自罗讷产区的核心区域。葡萄庄园大多位于阿维尼翁（Avignon）市的北部，靠近普罗旺斯（Provence）和地中海。1390 年，教皇克莱蒙五世（Pope Clement V）将教廷搬迁至法国南部的阿维尼翁，开启了"阿维尼翁教皇"的历史篇章，历代教皇在此度过了共 68 年的时间。整个教廷从意大利搬迁到法国，对此人们普遍认为此时这座罗马城已陷入最有势力的家族内部斗争之中，不是教皇的安全栖身之所。教廷迁址阿维尼翁，十分注重整体效益，并带动了整个地区葡萄种植业的快速发展，为我们如今所熟悉的葡萄酒奠定了良好基础。

除了红葡萄酒以外，这片产区还出产量少却品质优异的白葡萄酒。口感柔和、果香馥郁的白歌海娜和瑚珊，搭配布布兰克、克莱雷特和匹格普勒葡萄品种，增添了更微妙且更富矿物味、花香味的特质。

在不断发展进化的红葡萄酒之中，教皇新堡已成为这一国家最有特色的品种分类。

类型： 红葡萄酒、干型。

颜色： 明显的红宝石色。

酒香： 深邃，带有野生草莓、樱桃、浆果、湿土、黑胡椒和香草的气味。

评鉴笔记： 温暖、柔和、和谐，酒味萦绕、令人愉悦。

葡萄品种： 歌海娜、慕合怀特和西拉。

等级： 教皇新堡 AOC（法国法定产区认证）。

产地： 法国罗讷河谷。

最佳饮用温度： 16—18℃。

最低酒精度： 12.5%。

配餐建议： 搭配由陆地动植物烹饪的主菜，特别适合野味、烤肉菜肴和陈年奶酪。

古典基安蒂
（CHIANTI CLASSICO）

心藏托斯卡纳之魂

　　幅员辽阔的产区使托斯卡纳的城市有别于佛罗伦萨和锡耶纳，那里生产出了最负盛名的意大利葡萄酒——古典基安蒂。以货真价实的桑娇维塞葡萄为基础酿制而成的红葡萄酒，新酒时期独特的芳香就很令人惊讶，而陈年之后则更具深厚内涵。那几度春秋过后，一些香味如紫罗兰和酒渍樱桃，还会美妙地混合着柏油、雪茄和可可的烟熏味。纵使时间飞逝也未曾改变的是古典基安蒂一如既往的清爽口感，从而使它晋升到了极为高档的级别。

　　整个产区的历史故事都与葡萄酒的生产息息相关。古典基安蒂的山坡上开始种植葡萄已超过 2000 多年，这一传统农业能追溯到古罗马和伊特鲁里亚人时期。而我们认为当地葡萄酒最重要的历史时期是在中世纪末期，那时当地的葡萄庄园开始在整个地区扩张蔓延，由此建立的丰富结构仍然具有古典基安蒂地区的特征。第一份将这款葡萄酒命名为基安蒂的文件可以追溯到 14 世纪末期，而据此 200 年后，根据英国法庭的记录看来，有证据表明当地葡萄酒已被出口到国外。1716 年，托斯卡纳科西莫大公三世（Tuscany Cosimo III）颁布公文，以保护酒名并明确其产区范围。这是欧洲有史以来第一次将一块产区划定得如此详细，而且这一等级分类也留存至今。古典基安蒂产区的覆盖面积超过 70,000 公顷，包括基安蒂的卡斯泰利纳（Castellina）、盖奥勒（Gaiole）、格雷韦（Greve）、瑞达（Radda），以及巴贝里诺·沃·蒂艾莎（Barberino Val d'Elsa）、卡斯泰尔沃酒庄（Castelnuovo Berardenga）、波吉邦西（Poggibonsi）、佩萨河谷（Val di Pesa）的圣卡夏诺（San Casciano）和塔瓦内莱（Tavarnelle），无一不是历史悠久的产区，与其他更为常见的基安蒂葡萄酒不可混为一谈，托斯卡纳大部分地区出产的红葡萄酒其声望远不及古典基安蒂。

　　其酿造所主要使用的桑娇维塞葡萄，所占比例至少超过 80%，其最近的产品规格中指明，可以加入少量其他品种的混酿，比如卡耐奥罗、科罗里诺等经典的托斯卡纳本地葡萄，也可以混入赤霞珠、梅洛等其他国际知名的葡萄品种。但实际情况并没有这么简单，在 1872 年的时候，已经有一部分酒庄分出了两个品种，一种更显浓烈，适合陈酿珍藏；另一种则更为新鲜，适合日常消费。后者还包括一小部分玛尔维萨，这种白葡萄可以更突出其香味和清爽的酸味。

类型： 红葡萄酒、干型。

颜色： 红宝石色。

酒香： 层次丰富，带有黑莓、覆盆子、鸢尾花、香堇菜、香草、肉桂的气味。

评鉴笔记： 无甜味，酸度优质，酒味萦绕不尽。

葡萄品种： 桑娇维塞。

等级： 古典基安蒂 DOCG（意大利保证法定产区葡萄酒）。

产地： 意大利托斯卡纳。

最佳饮用温度： 16—18℃。

最低酒精度： 12%。

配餐建议： 搭配由陆地动植物烹饪的主菜，特别适合碳烤肉类菜肴。

随着历史的变迁，特雷比奥罗品种也被引进种植，相较于历史的积淀与当时取得的成就，如此这般的做法致使许多古典基安蒂未免显得过于单薄。这就是为什么20 世纪 70 年代时，众多酒庄决定在自己出产的优质葡萄酒的酒瓶上不再印有古典基安蒂的名字，只写着"进餐葡萄酒"，以此抗议基安蒂这块被过度使用的金字招牌。在这种情况下，"超级托斯卡纳"的称谓应运而生，一本举足轻重的美国杂志在若干年后为它们正名，这些令人享受的葡萄酒能完美地将独特的风土特色与不同葡萄品种的优点融合在一起，特别是最为流行的桑娇维塞和赤霞珠。也由于这个原因，自 2006 年以来，当地红葡萄酒的酿造中不再允许使用白葡品种。

有一点可以肯定的是，整个基安蒂产区目前正处于非常蓬勃的大生产时期，单一省份辖区的地质和气候的多样性差异逐渐显现，不同酒庄的酿酒风格及生产方式也大相径庭，与其使用法式大木桶不如使用大酒桶，诸如此类，都是近年来极具争议的关注焦点。在这样的生产环境下，每一瓶葡萄酒都是独一无二的，不同的纯净度，不同的层次和酸味，细微的单宁苦涩之别，等等，都是葡萄酒独特的表现之处，它涵盖了纯净度、清晰度和复杂性，无论是瓶装新酒还是经时间洗礼的陈酿，都是古典基安蒂位列意大利最令人兴奋的红葡萄酒排行榜的最佳理由。

古典基安蒂葡萄酒拥有独具特色的地质环境。以产区最北端为例，泥灰质黏土丰富的土壤足以酿造出活泼且浓烈的葡萄酒。

热夫雷—香贝丹

（GEVREY-CHAMBERTIN）

夜丘产区的精粹

　　这世界上没有任何一个地方的酒庄，如同热夫雷·香贝丹附近那些小城镇一样出名，这些声名显赫的葡萄酒大庄位于夜丘产区的中心区域，在勃艮第和金丘产区的最北部。其中 26 座葡萄酒庄园被列为一级酒庄，9 座为特级名庄。后者全部紧靠城镇中心的南部，沿着山脊一路延伸到莫雷 — 圣丹尼斯（Morey-St-Denis）的边界，分别为香贝丹（Chambertin）、香贝丹 — 贝兹园（Chambertin-Clos de Bèze）、夏姆 — 香贝丹（Charmes-Chambertin）、马卓耶 — 香贝丹（Mazoyères-Chambertin）、夏佩勒 — 香贝丹（Chapelle-Chambertin）、格优特 — 香贝丹（Griotte-Chambertin）、拉特歇尔 — 香贝丹（Latricières-Chambertin）、马吉 — 香贝丹（Mazis-Chambertin）和吕绍特 — 香贝丹（Ruchottes- Chambertin），部分世界上最优质的红葡萄酒都诞生于此。这里的葡萄酒有着无可比拟的优雅、纯净及醇厚，同时窖藏时间久。它们代表了典型的黑皮诺，其清晰的红色水果香气足以点燃愉悦的火花，早年这些气味包含着桑葚、紫罗兰和玫瑰花，后期则混入了欧亚甘草、皮革和一丝矮灌木丛的味道。在品尝时，这些葡萄酒有着打动人心的层次感和柔和的单宁质感。其酒体饱满、有力、醇厚，同时兼顾优雅，甚至在陈化几十年之后依旧动人，绝对是一款上乘的葡萄酒。

　　在勃艮第这片极具优势的地方，得天独厚的土壤条件与绝佳的裸露地层、有利的地理位置，共同保护了葡萄园免受北风凌虐。近几年的考古研究表明，2000 多年前第一株葡萄苗扎根在热夫雷·香贝丹地区，自此诞生了勃艮第葡萄，并不只是一个巧合。同勃艮第大部分葡萄种植管理制度一样，香贝丹的分级制度制定于 1936 年，这是极其重要的一年，同年还获得了官方颁发的一级和特级酒庄名号，比如拉沃·圣雅克（Lavaut Saint-Jacques）、卡泽蒂艾（Les Cazetiers）、凡尔赛园（Clos des Varoilles）等，尤其是拉沃·圣雅克所出产的葡萄酒是整个产区最流行的一级酒庄等级的佳酿，很多都与特级酒庄的水平不相上下。此外，这里也是勃艮第比较不同于其他产区的地方，就是葡萄园可以在酒标上命名，作为热夫雷·香贝丹村庄的一部分，同样涵盖了横穿庄园道路以东的区域，以此展现了香贝丹对于环绕在其周围的所有产区所具有的非比寻常的整合使命。

类型: 红葡萄酒、干型。

颜色: 红宝石色。

酒香: 层次丰富，纯净，带有野草莓、覆盆子、桑葚、黑醋栗、黑莓、蓝莓、泥土、香草、粉红辣椒和欧亚甘草的气味。

评鉴笔记: 优雅、劲足，充满活力，酒味萦绕不尽。

葡萄品种: 黑皮诺。

等级: 热夫雷—香贝丹 AOC（法国法定产区认证）。

产地: 法国勃艮第。

最佳饮用温度: 16—18℃。

最低酒精度: 10.5%。

配餐建议: 搭配由陆地动植物烹饪的主菜，特别适合烤肉和陈年奶酪。

埃米塔日

（HERMITAGE）

在罗讷河谷的深处

西拉——最伟大的法国葡萄品种之一，用它酿造而成的葡萄酒，有着众人皆知的辛辣嗅觉体验，很容易让人想起迷人又醉人的黑胡椒香调，同时也赋予酒体良好的层次和绝妙的平衡感。因此它也逐渐遍布全世界任何一处肥沃的土壤，如在美国加利福尼亚以及智利、南非、加拿大等处都能看到它的身影。

但是唯独在法国东南部的罗讷河谷里孕育而出的西拉葡萄，其果实才体现出了真正的特色。在距离瓦朗斯（Valence）小镇不算太远的核心区域，我们可以找到一个小规模的酿酒产区，那里总能酿造出这个国家最著名、最优雅、最经得起窖藏的葡萄酒——埃米塔日。葡萄酒酿造学研究者兼作家安德烈·朱利安（André Jullien）在他 1816 年出版的《所有已知的葡萄园地形》（*Topographie de tous les vignobles connus*）中写道：“在这 140 公顷的广阔土地上凝聚了全世界所有酿酒所需的绝佳之处，波尔多与勃艮第难分伯仲。这是如此特别的地方，遍地葡萄香，背山向南，旁边还有一条法国最长的罗讷河涓涓而过。”

带着引人注目的烈度，一杯年轻的埃米塔日葡萄酒散发着馥郁的果香，伴随着雄劲的单宁涩味和有力的酒体层次。几年后的陈酿则已褪去往日浮躁，呈现出无与伦比的优雅和包容，同时又不失其最本真的活力。这是一款极具魅力的红葡萄酒，气味随着时间会发生变化，一定含量的香脂使迷人的香味总是展现出更高一层的复杂感。这就是为什么埃米塔日在用西拉酿制的葡萄酒中显得如此非同一般，也是为什么葡萄种植和葡萄酒制造业能使北罗讷河谷变得如此特别又著名。从克罗兹－埃米塔日到圣约瑟夫，整个产区因为西拉葡萄酿出的美酒而闻名于世，让人找不到任何理由能对它们无动于衷。

埃米塔日还有一个趣闻，据说那里还生产一种优质的白葡萄酒，由玛珊和瑚珊这两种白葡萄酿造而成，其种植面积几乎占据了整个产区的 1/4。这款白葡萄酒也是绝世佳酿，其浓烈的香气和陈酿能力丝毫不逊色于同名的红葡萄酒品种。

类型： 红葡萄酒、干型。

颜色： 深红宝石色。

酒香： 浓烈，带有野生黑莓、樱桃、蓝莓、黑胡椒、湿土、巧克力和可可的气味。

评鉴笔记： 浓烈、苦涩、劲足，余味充满活力。

葡萄品种： 西拉。

等级： 埃米塔日 AOC（法国法定产区认证）。

产地： 法国罗讷河谷。

最佳饮用温度： 16—18℃。

最低酒精度： 10.5%。

配餐建议： 搭配由陆地动植物烹饪的主菜，特别适合野味、烤肉和焖肉菜肴。

尽管西拉葡萄在罗讷河谷已充分展现其酿酒潜力，但美国和澳大利亚出产的葡萄果实同样优秀。

蒙特法尔科·萨格兰蒂诺
（MONTEFALCO SAGRANTINO）

力量与苦行

去蒙特法尔科及其周边地区观光的最佳时期在每年的 10 月末到 11 月初之间。那时萨格兰蒂诺的葡萄园里，当地最经典、最享有盛名的葡萄品种正是丰收的时候，果实特有的红色像一块优美的毯子，盖满了整片山坡。

然而，与现在不同，干型蒙特法尔科·萨格兰蒂诺不过诞生于 20 世纪 70 年代，直到 90 年代末期才在商业上取得了成功。在这一大趋势下，葡萄园成倍增加，占据了该产区的 5 大区，从贝瓦尼亚（Bevagna）到瓜尔多·卡塔内奥（Gualdo Cattaneo）、贾诺（Giano）、卡斯泰尔·里塔尔迪（Castel Ritaldi）。如此迅速的传播远远超过了翁布里亚这块土地上积淀百年的缓慢步伐，但古老的传统文化却祖祖辈辈代代相传。它取名为萨格兰蒂诺，而"Sagrantino"则有可能来自于"sacrament"（源自拉丁语，意为"神圣的、带有宗教性质的"）。这里的确是修道士居住的地区，从阿西尼（Assisi）城延伸至蒙特法尔科和斯波莱托（Spoleto），萨格兰蒂诺的酿制过程证明了其自身的一种修炼，传统种植的葡萄藤蔓结出了果实，数周时间过去，待果实风干失去水分后便可酿成美酒。在宗教仪式或其他重要场合中供人们享用，也可开上一瓶让百姓与其家人同乐。

虽然在 20 世纪它几乎濒临灭绝，但这款葡萄酒最终出现了焕然一新的干型新面貌，勇敢地重新夺回了它应有的地位和如今的人气，这得感谢一些当地酒庄所付出的努力。苍劲有力的红葡萄酒因优良的层次和陈酿能力脱颖而出，这是葡萄酒中高含量的红酒多酚和单宁强强联手的结果。因此，这款葡萄酒需要长时间的窖藏陈化或瓶装陈年，以舒缓它天性中的苦行经历，以带回优美的融合感，来完美诠释出其经典魅力。品尝它们的秘诀就是好好珍藏几瓶，隔个几年再来品尝，其味道绝对不会令人失望。

类型：红葡萄酒、干型。

颜色：深红色，浓烈且晦涩。

酒香：复杂、深邃，带有黑莓、黑布林（甚至是果酱）、樱桃、紫罗兰、香草、欧亚甘草的味道。

评鉴笔记：层次丰富，醇厚、浓烈，有犀利的苦涩感，且余味绵长。

葡萄品种：萨格兰蒂诺。

等级：蒙特法尔科·萨格兰蒂诺 DOCG（意大利保证法定产区葡萄酒）。

产地：意大利翁布里亚。

最佳饮用温度：13.5℃。

最低酒精度：约为 11%—11.5%。

配餐建议：搭配由陆地动植物烹饪的主菜，特别适合烤肉和焖肉菜肴。

148

葡萄酒

巴斯克

（PAÍS）

智利的骄傲

　　第一批移植的葡萄品种主要来自于西班牙和葡萄牙，安家落户到了南非的第一座葡萄园里。此后经历了漫长的一段时间，于 20 世纪末人们终于看到了南美大陆上普遍生产出优质葡萄酒的空前盛世。阿根廷、智利和巴西，以一种青涩的面貌，成了如今有足够能力酿造出吸引世人目光的新世界葡萄酒胜地。这一成功转折的根源不仅在于他们不断积累的劳动经验，更在于他们以一种全新的方式来直面自身的独特之处并引以为傲，不再试图刻意效仿其他范本，尤其是欧洲的优质葡萄酒。

　　其中，智利的发展尤为突出，在过去 50 年里，不论是葡萄酒的数量还是品种都取得了显著增长。智利境内的气候和土壤条件十分理想，新产区在短时间内便站稳了脚跟，生产出的葡萄酒非常与众不同。过去几年中，一些新的酒标进入了人们的视线，比如新划定的不同葡萄酒产区，海岸区（Costa）、中间区（Entre Cordilleras）和安第斯（Andes）山区，从西至东，从靠近山脉到靠近内陆，横贯安第斯山脉。法国的酿酒葡萄品种总是处于聚焦的镁光灯下，特别是那些耳熟能详的品种如赤霞珠更是备受瞩目，而说起智利最有名、种植面积最广的品种，则是霞多丽和长相思。

　　近来，人们对于巴斯克的兴趣与日俱增，酿制这款葡萄酒的同名葡萄品种，是阿根廷的克里奥拉·奇卡（Criolla Chica），它与墨西哥、美国的弥生（Mission）是近亲品种。当初很可能是西班牙的殖民者将种子带到了智利，于是这种葡萄迅速适应了南美干燥的气候，得以繁衍。19 世纪欧洲出现了极其罕见的农业灾害，根瘤蚜虫几乎毁灭了欧洲所有的葡萄庄园，幸运的是因为地理位置相隔甚远，病虫害没有殃及智利。由于智利的葡萄植株没有像世界上其他国家一样采用嫁接种植法——通过嫁接美国所种的抗虫砧木来抵御根瘤蚜虫的侵害，所以即便是年龄超过 200 岁的老藤也始终保持了土生土长的独特个性，株株自根生长。数量众多的优秀庄园中，通常都种满了外形可爱小巧的巴斯克葡萄树。出于其他原因，酿酒商们对这一古老品种有着极大的偏爱。

　　尽管在很长一段时间里，巴斯克葡萄酒显得非常单薄、清爽，有水果香味，但其不带包装的出售方式注定只适合立即饮用，好在它最近成功地引起了人们极大的兴趣。一个崭新的想法为它在智利开辟了全新的发展道路，一个充满希望的未来正在向巴斯克葡萄酒招手，它将带人们去体验嗅觉的广度和味觉的深度。

类型： 红葡萄酒、干型。

颜色： 明显的红宝石色。

酒香： 醇厚，带有强烈的樱桃、黑醋栗、蓝莓、玫瑰干花、红色鲜花的干花、湿土、烤过的橡木的味道。

评鉴笔记： 平衡感好，新鲜，有怡人的香味与优质的层次。

葡萄品种： 巴斯克。

等级： 智利葡萄酒。

产地： 智利。

最佳饮用温度： 16—18℃。

最低酒精度： 约为 11%—11.5%。

配餐建议： 搭配由陆地动植物烹饪的主菜，特别适合调过味的佛卡夏面包、荤食小吃塔帕斯和意大利面为基础制作的前菜。

波亚克
（PAUILLAC）

波尔多的精华

　　1855 年，在拿破仑三世的钦定下，波尔多酒庄分级体系在巴黎举行的世博会上第一次公诸于世，其目的是提供一个重要的评价标准，帮助人们更好地理解上好的法国葡萄酒之间存在何种质的差异。通常分级需要将众多酒庄的名声和葡萄酒的售价都纳入评价范围，而售价则是由外界负责采购和销售的中间商们根据当时的行情而做出的估价。

　　因此，只有当时消费量巨大的甜、红葡萄酒位列酒庄名单之中。葡萄酒会按重要性逐一分类，从一级庄（Premier Crus）到五级庄（Cinquième Crus）依次排列。这座庞大的分级"金字塔"在问世后的 150 年间仅做过两次改动。第一次在 1856 年，第二次则是在百年之后，也可以说是唯一的一次例外，即 1973 年将木桶酒庄（Mouton Rothschild）由二级酒庄晋升为一级酒庄。

　　我们不难想象，在漫长的历史进程中这种分级制度不管时过境迁，也不管葡萄酒的名望与葡萄种植者的野心对当地农业生产的影响，因此受到了严厉的批评。其中最主要的反对声都在指向制度的一成不变。1855 年的分级可能是 19 世纪中期梅多克（Médoc）产区的现实写照，但无法用以代表今日的情形。随着时间推移，其他重要的酿造者诞生，那些最初的酒庄已经看到了他们周围发生的种种变化，这都将影响 1855 年酒庄分级的准确性。可以肯定的是，纪隆德（Gironde）河左岸仍被人们视为部分最著名葡萄酒的发源地。同时，波尔多建有一所世界上最负盛名的葡萄酒学校，以将一些流行的酿酒技术教授给学生，为促进葡萄酒行业的蓬勃发展进行相关研究。建校后的几十年间，世界上最优秀的酿酒师都纷纷来此进修，然后将掌握的知识散播至世界各个重要的葡萄酒产区。

　　在波尔多产区的部分区域中，富含二氧化硅的土壤有助于提升当地葡萄酒的纯度。

占地面积最广、知名度最高的要属梅多克产区，由于地势不同，分为下梅多克（Bas-Médoc）和上梅多克（Haut-Médoc），由波尔多北部的纪隆德河左岸向北延伸，坐拥众多重要的品级名庄。在这片土地上，赤霞珠的表现尤其出众，优雅绝伦，无疑是上等葡萄酒，富有独特的表现力，层次丰富，蕴含陈酿潜力，其红葡萄酒中还混酿了一定比例的品丽珠和梅鹿辄，以加强酒体的层次感和圆润度。这3大品种的酿酒葡萄，有时混合马尔贝克和小味而多，组合成"波尔多混酿"，为波尔多产地赢得了更高的声誉。

如果我们能罗列出波尔多产区最重要的名庄和酒名的榜单，那么波亚克一定榜上有名，因为一些饱受赞誉的法国红葡萄酒就生产于此。它们带来的感官体验也代表了当地的精髓，酒体富有层次，口感清爽、复杂、精致、醇厚，且具有陈酿潜力。放眼望去，种植面积极大的葡萄园环绕在波亚克小镇的周围，那里几乎没有山地高坡，海拔最高不过30米。这些高贵的葡萄酒在装瓶后能在至少10年的漫长窖藏过程中不断优化，从而使看似遥遥无期的等待变得绝对物有所值。

毫无疑问，赤霞珠是全世界酿酒葡萄中最为出名的品种，品质优异，寿命长久。

类型： 红葡萄酒、干型。

颜色： 强烈的红宝石色，接近石榴红。

酒香： 浓烈，层次丰富，带有黑醋栗、黑莓、蓝莓、樱桃、烟草、雪茄、湿土、雪松木、石墨的味道。

评鉴笔记： 层次丰富、优雅、精致，有令人愉悦的柔和感，余味无穷。

葡萄品种： 赤珠霞。

等级： 波亚克 AOC（法国法定产区认证）。

产地： 法国波尔多。

最佳饮用温度： 16—18℃。

最低酒精度： 11%。

配餐建议： 搭配由陆地动植物烹饪的主菜，特别适合烧烤类食物和陈年奶酪。

皮诺塔吉
（PINOTAGE）

南非的动人故事

　　最声名远扬的酿酒葡萄品种常可变生出多个品种，它们通常历经世纪的进化，在庄园里逐步适应一定地区环境中的气候条件，是人类在实践中创造出来的高产酿酒葡萄品种。而且通过不同类型葡萄品种的杂交培育，获得了可满足所有要求的最佳特性。

　　这所说的便是皮诺塔吉，于 20 世纪中期诞生于南非。1925 年，在开普敦东部的斯坦陵布什大学（University of Stellenbosch），由葡萄栽培学教授阿布拉罕·伊扎克·贝霍尔德（Abraham Izak Perold）突发奇想，用黑皮诺（能酿造出全世界最优质的葡萄酒），加上神索（当时还被称为埃米塔日，是来自罗讷河谷的葡萄品种，具有稳定的层次和温润的口感）培育而成。这两种优质的葡萄品种杂交自然有坚实的基因基础，其一能带来优雅质感和陈年潜力，其二能更好地适应当地环境，在糖分和醇厚度上自成一派。然而，贝霍尔德博士当时没有留下任何书面的实验记录，时至今日我们已无从揣测他的想法从何而来。的确，他对于该领域的知识非常渊博，毫无疑问，正是由于他的功劳，创建了大学校园里的实验葡萄园，至今仍发挥着积极作用。这座葡萄园里种有上百种世界闻名的葡萄品种，它们都是贝霍尔德博士前往欧洲旅行时收集而得，令人引以为豪。

　　黑皮诺与神索杂交，最初仅培育出了 4 颗种子，如此微乎其微的数量相比于今天庞大的产量宛如天方夜谭。实际上，当时贝霍尔德博士决定将它们种在自己的花园里，而不是学校里，对此人们进行了一些猜想，或许这样更便于他近距离地监测其生长，又或者当时他并不确定实验的结果。当上葡萄栽培专业的主任 2 年后，即 1927 年他离开了大学，下海经商。没过多久，他的一位同事想起了这 4 颗种子，并及时把它们从贝霍尔德博士的花园带回了大学，继续研究其生长。

葡萄植株成倍增加，很快其优秀的耐受力发挥了作用，使这些葡萄能更好地适应当地气候。在 1943 年，皮诺塔吉离开了学术的高塔，受到酒商的青睐而转向商业化发展。

自从那时起，南非葡萄酒取得了极大的进步，如今它已经被认为是新世界葡萄酒的主角，主导了 20 世纪六七十年代全球的葡萄栽培。近年来，皮诺塔吉产自于一些规模较小但数量众多的葡萄酒厂，它的成名并非偶然，它也最为著名——尽管这只是从相关的数字角度看。葡萄酒呈现出浓烈的红色，且带有焦油、油漆，以及黑莓、野李子和桑葚的味道，富含单宁酸，且气味较强烈。皮诺塔吉是南非国家前往世界各地的"杰出大使"。

类型：红葡萄酒、干型。

颜色：明显的红宝石色。

酒香：浓烈，带有李子、黑莓、覆盆子、樱桃、红辣椒、欧亚甘草、烟草和柏油的味道。

评鉴笔记：层次丰富，酒味醇厚且微微涩口，余味绵长。

葡萄品种：皮诺塔吉。

等级：南非葡萄酒。

产地：南非。

最佳饮用温度：16—18℃。

最低酒精度：约为 12%—12.5%。

配餐建议：搭配由陆地动植物烹饪的菜肴，特别适合汤品、烩饭和烧烤食物。

葡萄酒

波美侯
（POMEROL）

梅鹿辄的飞地

梅鹿辄是全世界最受欢迎的酿酒葡萄品种之
一，铸就了众多葡萄酒的辉煌成功——从美国到
澳大利亚，再到南非。

波美侯产区仅占圣—埃米利翁（Saint-Émilion）西北部的一小块土地，却被公认为是全世界最好的优质梅鹿辄红葡萄酒的诞生地之一。这是一个相当罕见的案例，因为它的酒庄并没有围绕着城镇四周进行发展，这里农舍密布，地质均匀且地势平坦，建立了数量众多的葡萄庄园和当地风格迥异的小城堡建筑。

回顾波美侯的历史，未免显得有些格格不入，波尔多产区的知名度尤其以梅多克和格拉芙葡萄酒为傲，同样出名的还有来自苏玳和巴萨克产区的甜型葡萄酒。纪隆德河横跨波尔多产区并对当地气候产生了特别的影响，正当被人们称为纪隆德河"右岸"出产的葡萄酒名气大增时，人们慢慢意识到这个地区最东面酿造的葡萄酒也具有绝佳的品质。如同许多法国的葡萄酒庄或是更多遍布欧洲各地的酒庄一样，随着现代交通的发展，各地紧密联系，葡萄酒也有更多的机会被产地以外的世界所熟悉，特别是那些大城市，比如 1853 年从利布尔讷（Libourne）到巴黎的铁路轨道建成，至今仍在使用。也就是在 20 世纪，波美侯的第一版产品规格制定于 1936 年，特别是在 20 世纪后半叶，这个产区有了质的飞跃，跻身于世界范围内最重要且最负盛名的产区名单之中。那是一段振奋人心的时期，集合了商业和媒体的聪明才智，成功使人们对波美侯的关注与日俱增，足可与其他法国红葡萄酒相媲美。尽管用梅鹿辄酿造出的优质红葡萄酒不仅限于圣—埃米利翁周边地区，甚至在美国的加利福尼亚也能遇到。但只有在波美侯，这一特殊的葡萄品种才能赋予酒体独一无二的醇厚、复杂和优雅，这是真正令人难以忘怀的葡萄酒。

从地理角度来看，整个产区都被砂砾黏土所覆盖，南方多砂砾而北方多黏土，比起其他地区，这种土壤生长出的葡萄能酿造出纯净度更高的葡萄酒。波美侯与众不同的地方在于其平等性，因为它没有跟随 1855 年梅多克分级制度的脚步也分个三六九等来。但这也并不是全部，不同于波尔多其他产区，除非极少数的特例，波美侯的绝大部分酒庄都没有上百年的历史，甚至一家建成 10 年以上的酒庄也难觅踪迹。

类型： 红葡萄酒、干型。

颜色： 浓郁的红宝石色，接近石榴红。

酒香： 浓烈，带有黑樱桃、黑莓、西洋菁草、黑布林、紫罗兰干花、松露、巧克力的味道。

评鉴笔记： 层次丰富，酒味醇厚、优雅且和谐。

葡萄品种： 梅鹿辄、品丽珠。

等级： 波美侯 AOC（法国法定产区认证）。

产地： 法国勃艮第。

最佳饮用温度： 16—18℃。

最低酒精度： 11%。

配餐建议： 搭配由陆地动植物烹饪的主菜，特别适合烧烤类食物和陈年奶酪。

波玛酒

（POMMARD）

博讷丘的个性代表

　　勃艮第的历史已经与其葡萄酒紧密联系了近 200 年之久，换言之，从古罗马人带来的葡萄植株在此扎根入土，到第一次种植葡萄，再到酿造出家庭作坊式的葡萄酒。然而，这都应归功于当地的修道士，几个世纪以来他们在此辛苦劳作，为如今我们所知的葡萄酒生产打下了坚实基础。修道院的神职人员，比如本笃会（Benedictines）和熙笃会（Cistercians）的僧侣们世世代代都在培育和保护葡萄园的工作中起到了至关重要的作用。他们还首开先河，精选出了最佳葡萄酒专用产区并称其为 "特级"（Crus），以显示这块葡萄园的地位特殊，专供品质独特的葡萄酒。这些田地的分界线是用石块堆砌而成的低矮墙头，至今仍屹立在那儿。1855 年，著名的波尔多品级名庄分级制度震惊世界，无独有偶，一本由朱尔斯·瓦勒博士（Dr. Jules Lavalle）编撰的极有影响力的葡萄酒书——《金丘本地杰出葡萄酒的历史与统计》（the Histoire et Statistique de la Vigne de Grands Vins de la Côted' Or）也于同年出版，书中首次按重要性对勃艮第葡萄酒进行了分级，由此而来的观点至今仍有指导性作用。

　　金丘，毫无争议地被公认为世界一流的霞多丽和黑皮诺葡萄酒的诞生地，也以此分为两个同等重要的法定葡萄酒产区——位于南部的以优质白葡萄酒闻名于世的博讷丘，位于北部的以优质红葡萄酒名扬天下的夜丘。而靠近博讷小镇的那块地方，则被认为是勃艮第的根本，一些最为经典的葡萄酒在此酿造而成。它地处辽阔的丘陵地带，整片区域都位列一级园，一直向南延伸到波玛村（Pommard）的第一座农舍，这座小小的村庄最终酿造出了极其浓烈又令人陶醉的红葡萄酒。

新鲜期的浓烈正如同它们惊人的陈年能力，它们在沃尔奈（Volnay）以南地区所产的更为精致的葡萄酒之中显得非常与众不同。波玛特酒往往具有特别明显的单宁质感，它们能够散发出红色浆果的华丽气味，并随着可可、咖啡、粉色胡椒的味道最终进化出柏油气味，这种能力独一无二。这种独具特色的葡萄酒则要归功于那些举世闻名的葡萄园，这样的一级庄园共有 27 座，尽管在此未曾提及其他优秀的葡萄酒，比如瑚津干红（Les Rugiens）和埃佩诺园干红（Clos des Épeneaux）。可以说，夜丘的特级庄园简直所向披靡。

类型：红葡萄酒、干型。

颜色：红宝石色。

酒香：浓烈、纯净，带有黑莓、覆盆子、玫瑰花、紫罗兰、芳香草本植物、可可、咖啡、粉红胡椒和香草荚的味道。

评鉴笔记：新鲜感和单宁质感两者有着绝佳平衡度，口感和谐，且余味绵长。

葡萄品种：黑皮诺。

等级：波玛 AOC（法国法定产区认证）。

产地：法国勃艮第。

最佳饮用温度：16—18℃。

最低酒精度：10.5%。

配餐建议：搭配由陆地动植物烹饪的主菜，特别适合野味和陈年奶酪。

普里奥拉托
（PRIORAT）

加泰罗尼亚隐藏最深的秘密

在加泰罗尼亚（Catalonia）最西北部的一小片土地上，距离塔拉戈纳（Tarragona）省不远处，便是普里奥拉托的产地，地势崎岖、山坡陡峭，难以开垦种植。这里长久以来一直致力于发展葡萄酒酿造工艺，在葡萄根瘤蚜虫席卷这片方圆 5,000 公顷的土地之前，葡萄园风景如画。但在惨遭病虫害侵袭之后，整个地区一片荒芜，再加上佛朗哥独裁政权的雪上加霜，迫使大部分人口放弃乡村转向附近城市谋求生活，尤其集中于巴塞罗那（Barcelona）。

直到 20 世纪 80 年代，一些富有远见的酿酒师开始再次相信这片土地所蕴藏的独特潜力，以揭示当地地质特色所蕴含的秘密。一方面，它受到风景壮丽的塞拉·德·芒桑特山脉（Serra de Montsant）的庇护，免受北风侵袭；另一方面，整个普里奥拉托的风土条件中有一种名为林克瑞拉（llicorella）的土壤极具特色，这种特别的棕色土壤里富含红板岩与云母，也是它最终孕育出葡萄酒的独特个性。

这款红葡萄酒来自于歌海娜和佳丽酿这两种传统的酿酒葡萄品种，以它们的新鲜、深邃与内涵脱颖而出，所酿造的葡萄酒也充满了精致、优雅的品质。这些特点使得普里奥拉托几乎一夜之间在国际知名葡萄酒的版图中找到了一席之地。1990 年初，西班牙生产管制部门规定，里奥哈产区内一些重要的红葡萄酒要根据木桶陈酿的时间长短来进行等级划分。普里奥拉托干红因其自身独特的韵味，成功地在消费者的味蕾上留下了深刻印象，尤其受到法国人的喜爱。

现如今，普里奥拉托已成为整个西班牙最炙手可热的葡萄酒产区，在数十年间地位发生了天翻地覆的变化，也吸引了西班牙境内乃至海外的雄厚投资。原汁原味便是它所展现的风景之美。在这片阳光普照的地方，占地近 2,000 公顷的葡萄园，梯田遍野，其红葡萄酒文化传承百年，源远流长。

类型： 红葡萄酒、干型。

颜色： 深红宝石色。

酒香： 层次丰富、浓烈，带有黑莓、樱桃、大茴香、烟草的味道，以及淡而确定的矿物味。

评鉴笔记： 雄劲、有力，有清冽的新鲜感和怡人的酸味。

葡萄品种： 黑歌海娜、多绒歌海娜、佳丽酿。

等级： 普里奥拉托 DOC（西班牙法定产区葡萄酒）。

产地： 西班牙加泰罗尼亚。

最佳饮用温度： 16—18℃。

最低酒精度： 11%。

配餐建议： 搭配由陆地动植物烹饪的主菜，特别适合烧烤食物和陈年奶酪。

杜罗河岸
（RIBERA DEL DUERO）

卡斯提尔与莱昂深处的精华

　　杜罗河岸干红葡萄酒背后所隐藏的秘密，可能会在该产区不同的气候环境里找到些许答案。这片产区在海拔 700 米之上，温差范围跨度极大，尤其是在夏季。每当太阳落山，炎炎暑气散去后，温度常会降至 10—15℃。这种特殊环境赋予葡萄酒强烈的酸度，也成为优质杜罗河岸葡萄酒 DNA 的重要组成部分。它们是饱满、醇厚的红葡萄酒，随着口感的演进，能让人感受到非常浓厚的单宁所传递出的信号，同时还有明显的清爽口感。这款葡萄酒有实力惊艳所有人，你不仅会为其优雅拍手叫好，还会感叹其生命力经得起时间的考验。因此一些杜罗河岸葡萄酒在采收后需要等待若干年才能投放市场，比许多西班牙或欧洲的红葡萄酒都晚得多。

　　杜罗河岸干红葡萄酒选用的最主要的酿酒葡萄品种是丹魄，当地人称为费诺红（Tinto Fino）或派斯汀塔（Tinta del Pais）。这种葡萄产自杜罗河岸和里奥哈北部地区，能够酿造出品质优良、充满活力、富有深度的红葡萄酒。要知道这是杜罗河，这条长长的河流一刻不停地奔向大西洋，途中横跨了西班牙和葡萄牙境内许多重要的葡萄酒产地，成为这些地方景观的特色之一。古罗马人是将葡萄植株带到杜罗河沿岸的第一人，以行动证明了他们对这片土地的慷慨馈赠。然而，时至今日，我们得以有幸讨论杜罗河岸干红的品质如何优秀，却要归功于 20 世纪 80 年代早期一些小酒窖所做出的伟大贡献，随之迎来了杜罗河岸干红在历史上的转折点。在此之前，优质的葡萄酒制造商用手指就能数得出来，在 1982 年产区等级规划时仅有 24 家，而今天已经超过了 200 家，这足以证明它取得了无可匹敌的国际化成功。30 年以来，成千上万公顷的土地被开垦用于种植葡萄，这里有的区域种植历史悠久，已有百岁高龄，能生长出最好的葡萄果实，以用于酿造杜罗河岸。这款干红葡萄酒真正令人难以忘怀。

类型：红葡萄酒、干型。

颜色：红宝石色，接近于石榴红。

酒香：层次丰富、复杂、深邃，带有意大利香醋和矿物的香气，混合了什锦浆果、成熟樱桃、香草、肉桂和蘑菇的味道。

评鉴笔记：醇厚、雄劲、平衡且和谐。

葡萄品种：丹魄。

等级：杜罗河岸 DO（西班牙法定产区葡萄酒）。

产地：西班牙卡斯提尔—莱昂。

最佳饮用温度：16—18℃。

最低酒精度：11.5%。

配餐建议：搭配由陆地动植物烹饪的主菜，特别适合炖煮的肉禽佳肴和陈年奶酪。

里奥哈

（RIOJA）

以丹魄之名

　　丹魄葡萄是西班牙最著名的葡萄酒——里奥哈的绝对主角。这种葡萄广泛种植于整个西班牙，从上里奥哈的哈罗（Haro），到卡拉奥拉（Calahorra）和位于下里奥哈南部的阿尔法罗（Alfaro）。法定产区坐落于西班牙东北部，毕尔巴鄂市（Bilbao）的南部，这些葡萄不仅来自于拉里奥哈自治区（the Autonomous Community of La Rioja），努埃瓦帕斯（Nueva Paz）县区下辖的纳瓦拉区（Navarra）和西班牙北部巴斯克地区的阿瓦拉（Álava）省也各有产出。

　　用丹魄酿造而成的葡萄酒，新鲜时有着令人愉悦的口感，经过长时间的木桶发酵和装瓶窖藏后将变得越发迷人。里奥哈干红层次饱满、气质优雅，有着令人难以抗拒的浓郁果味馨香。里奥哈的等级分类在根据销售业绩评判之前，还将以葡萄酒确切的木桶陈酿时间来进行判定。在它的等级金字塔里，简单的里奥哈被称为"普通酒"（Vin Joven），即新酒，非常清爽，一般在采收后一两年的时间里就能出售，优质的酒香多少能弥补一些酒体单薄的遗憾，其直白的口感也往往令人惊艳不已。而品质在它之上的是"陈酿酒"（Crianza），这类葡萄酒常在橡木酒桶里成熟，陈酿时间至少1年以上。最优质的陈酿里奥哈能让人感受到它深邃的内涵。比陈酿等级更高的是"珍藏酒"（Reserva），至少陈酿3年以上，其中1年时间是在橡木酒桶里陈化，全部挑选的是最好的葡萄果实，也是里奥哈分级中最具代表性的类型，生命力持久，与世界顶级葡萄酒难分伯仲。最高级别是"特级珍藏酒"（Gran Reserva），至少陈酿5年以上，并有2年时间是在橡木酒桶里陈化。然而，还有许多酿酒师在某些情况下会延长陈酿时间，有的甚者可达10年或更长，以得到层次极其丰富的葡萄酒，同时还充满了大量关键性的细节。可以说，这是真正的杰作。

　　拉里奥哈自治区出产的葡萄酒历史悠久，当地葡萄庄园的兴盛史甚至可以追溯到遥远的9世纪，而其近代特征的形成则是伴随着交通运输业的不断发展而出现的，尤其横贯北部的道路连接起了毕尔巴鄂市与法国。至于来自波尔多产区的一些影响，则在18世纪末期初见端倪，据记载当时该地区最早的一些酒庄已开始使用大型木质酒桶来陈酿葡萄酒。然而，到了19世纪中期，法国大部分葡萄庄园因葡萄根瘤蚜虫的侵害而遭受重创，一切都发生了变化，许多法国酒商跨过比利牛斯山脉（Pyrenees），冒险寻求新的葡萄酒供应之地，以满足波尔多经济的迫切需要。

哈罗是里奥哈产区北部的一座小镇，也是铁路枢纽上的一个重要站点，因此能将收获并陈酿在法式大酒桶里的葡萄酒运往北部，而且许多酿造里奥哈的重要酒庄还享有临近铁道建设的特权。交界于西班牙与法国之间的这些地区，生产与文化相互交融，时至今日，它们仍然彼此共存，几十年来，里奥哈吸引了大批波尔多葡萄酒爱好者跨越国境来找寻更具利益的其他选择。在 20 世纪的大部分时间里，由于世界大战和国家政治带来的影响，这里的葡萄酒产业努力重振雄风。经历了 20 世纪 60 年代和 70 年代，里奥哈终于再获新生，但依旧带有一些波尔多葡萄酒的影子，只是随着时间的推移，它们正试图挖掘出越来越多的个性，以成为整个西班牙葡萄酒产业的重要参考。于是在 1991 年推行了首例特级法定产区认证（DOCa，即 the Denominación de Origen Calificada 的缩写），来代表西班牙葡萄酒最高质量的认可或等级划分。

葡萄酒

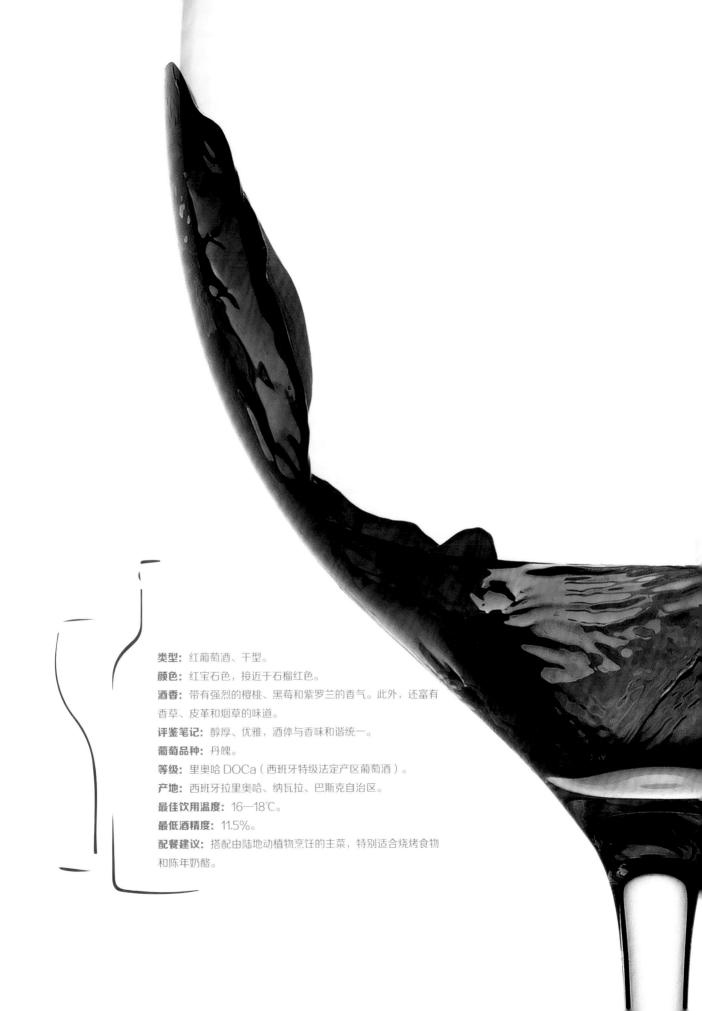

类型： 红葡萄酒、干型。

颜色： 红宝石色，接近于石榴红色。

酒香： 带有强烈的樱桃、黑莓和紫罗兰的香气。此外，还富有香草、皮革和烟草的味道。

评鉴笔记： 醇厚、优雅，酒体与香味和谐统一。

葡萄品种： 丹魄。

等级： 里奥哈 DOCa（西班牙特级法定产区葡萄酒）。

产地： 西班牙拉里奥哈、纳瓦拉、巴斯克自治区。

最佳饮用温度： 16—18℃。

最低酒精度： 11.5%。

配餐建议： 搭配由陆地动植物烹饪的主菜，特别适合烧烤食物和陈年奶酪。

圣一埃米利翁

（SAINT-ÉMILION）

右岸的深邃力压群雄

如果我们能够说出波尔多葡萄酒于哪一天诞生，那估计与古罗马人来到这片土地的日子刚好是同一天。在现代圣埃米利翁的产区里，人们从法国南部开始种植这些葡萄，并将葡萄汁贮藏在赤陶土制成的双耳陶罐里酿成美酒。这种做法持续了好几个世纪，甚至在古罗马帝国崩塌之后仍然留存至今，无关乎历史背景发生的骤变。就像法国的许多产区一样，在此同样要感谢修道士们传承了生产工艺，使得它度过了中世纪大部分难熬的时间。比如，从 11 世纪开始，本笃会就为我们如今所熟悉的葡萄酒奠定了基础，也多亏了他们长期艰苦细致地致力于葡萄栽培与农业技术工作。此外，在整个圣埃米利翁等级中具有代表性的小面积型葡萄庄园的雏形，在中世纪就已扎根于许多小农场和小作坊，那时葡萄酒已成为大部分普通百姓消费得起的日常饮品。14 世纪，葡萄酒首次远征英国，迎来了它自身的重要转变。到了 18 世纪，人们对波尔多红葡萄酒越来越感兴趣，并带动了农业技术、不同产区特点等方面的深入研究，极大地改善了葡萄庄园的种植条件。随着时间的推移，"名庄"的概念逐渐融入人们的生活，评选出的葡萄庄园专门生产品质较好的葡萄酒。总而言之，一片产区以其与众不同的地质和气候为特色，生产出了优秀的葡萄酒。

1855 年，应拿破仑三世要求，波尔多葡萄酒分级的注意力大多集中在梅多克产区，致使圣埃米利翁未能跻身这一举世闻名的榜单。于是，圣埃米利翁不得不耗费近百年时间以求得类似的荣誉。不久后，圣埃米利翁公布了不同于梅多克分级的法定等级，它会定期更新，以保证榜上有名的酒庄代表着该产区最杰出的生产组织。通过这种方式，圣埃米利翁的每一座酒庄都需要不断提升自己，以时刻保持自己可持续生产的"紧张感"。可以说，定期洗牌的分级制度对于整个产区有着格外积极的推动作用。圣埃米利翁分级分别在 1969 年、1986 年、1996 年和 2012 年重新发布过官方名单，能站在分级金字塔顶端的是 A 等的一级名庄（Premier Grand Cru Classé A），而能加入这个超精英团队的酒庄品质称得上无人能出其右；紧接其后的是一级名庄（Premier Grand Cru Classé）和品级名庄（Grand Cru Classé）。

不同于被称为左岸的吉伦特（Gironde），在圣埃米利翁的葡萄庄园里，赤霞珠葡萄并不占主导地位，因为大陆性气候的原因，这里受大西洋影响较小，它的果实在这里很难长到完美的成熟状态。因此，梅鹿辄和品丽珠这两种葡萄挑起了酿造圣埃米利翁产区大部分葡萄酒的重担，其层次丰盈、圆润，如天鹅绒般丝滑的红葡萄酒具有特别的深度与毋庸置疑的吸引力。

这个产区规模非常庞大，位于整个同名小镇的附近，靠近最高品质圣埃米利翁葡萄酒的生产地利布尔讷镇（Libourne）。在这样混杂不均的区域里，集合了多种多样、彼此各不相同的土壤环境，其风土特色也具有丰富的表现力。不远处便是波美侯葡萄酒的产地，而西北地区的品丽珠作为主要酿酒葡萄品种发挥着得天独厚的优势，以酿造出精致、优雅的葡萄酒。在圣埃米利翁的东面，一处毗邻圣劳伦特村庄（St-Laurent）的高原上，你可能会发现这里出产的葡萄酒通常少了一些果味和浓烈感，但纯度未必逊色半分。它们是广阔、醇厚的红葡萄酒，以其深刻的敏锐度与陈酿能力为我们带来了惊喜。这些都是上好的圣埃米利翁葡萄酒所必备的重要元素，甚至再过几十年，这瓶葡萄酒仍旧深受赞赏。

由最优质的品丽珠酿造的葡萄酒被发现于圣埃米利翁产区（波尔多），或卢瓦尔河谷的都兰产区。

类型：红葡萄酒、干型。

颜色：明显的红宝石色。

酒香：广阔、醇厚，带有醋栗、黑莓、成熟樱桃、黑樱桃果酱、香草和欧亚甘草的味道。

评鉴笔记：圆润，天鹅绒般顺滑，令人愉悦的柔软，且余味绵长。

葡萄品种：梅鹿辄、品丽珠。

等级：圣埃米利翁 AOC（法国法定产区认证）。

产地：法国波尔多。

最佳饮用温度：16—18℃。

最低酒精度：11%。

配餐建议：搭配由陆地动植物烹饪的主菜，特别适合烧烤食物和陈年奶酪。

图拉斯
（TAURASI）

个性、深度、优雅

　　名为"艾格尼科"（Aglianico）的葡萄品种，据说起源于图拉斯的核心地区，但这种说法尚无定论。作为一种古老的葡萄品种，它很有可能与"希腊葡萄"（Vitis ellenica）有所联系，古罗马人取此名字就可能是想说明它的由来。此外，其他来源的说法中，还将它联系到了意大利半岛南部的埃里亚（Elea），因为古希腊在意大利南部的殖民地——大希腊（Magna Graecia）的古城便坐落于第勒尼安海岸（Tyrrhenian coast），与海港城市萨勒诺（Salerno）相距不远。而且包括之后的阿拉贡产区分级，近年有观点认为便由此而来。也有人认为，它可能来自于19世纪中期某种早已绝迹的方言，意思是"平原上的葡萄"（grapes of the plain），以表明这种葡萄产自坎帕尼亚最为平坦的地区。

　　毫无疑问，艾格尼科是意大利南部迄今为止最为重要的酿酒葡萄品种。几个世纪以来，它早已成功适应了当地多种多样的风土条件，到哪儿都能获得优异的品质。在坎帕尼亚与巴斯利卡塔（Basilicata）大区之间至少有三大等级作为主要认证，即图拉斯、塔布尔诺艾格尼科（Aglianico del Taburno）和孚图艾格尼科（Aglianico del Vulture）。在这三者之中，图拉斯最为重要，它所处的广阔地区就是我们所熟悉的伊尔皮尼亚，艾格尼科在那里用事实证明了自己的酿酒实力，它们拥有无可挑剔的细节、能量和长久的生命力。这些特质主要来源于阿韦利诺省的大陆性气候，葡萄受上天眷顾享有充足的时间以达到完美成熟的状态，其采收工作一般开始于每年10月的中下旬。

　　纵观艾格尼科的历史，充满了趣闻轶事。其中最值得一提的是，它在尤为艰难的历史时期如何获得显著地位的故事。当19世纪中晚期，在欧洲大陆一半以上的葡萄庄园遭遇葡萄根瘤蚜虫灾害的侵袭时，许多认证产区多亏来自坎帕尼亚的大量红葡萄酒支援，才设法维持住了生产。由于当地独特的土壤环境，比起其他葡萄酒产区，这里葡萄根瘤蚜虫灾害的爆发时间相对晚了一些，从而保证了整个葡萄酒生产区域幸免于难。随后当地机构富有预见性地开展工作，以确保在整个20世纪农业都能保持可持续发展。

如今的图拉斯，这座人口仅有 3,000 人的小区自 1993 年起却享有意大利南部首个保证法定产区（DOCG，即 Denomination of Controlled and Guaranteed Origin 的缩写）的美誉，是全意大利最高级别的葡萄酒代表产区之一。图拉斯所产的葡萄酒被公认为最杰出的意大利红葡萄酒之一，受到了人们越来越多的关注，这主要归功于它的优异表现所取得的杰出成果。这款葡萄酒干净利落并充满活力，具有丰富的单宁含量、良好的新鲜感和绵延不尽的余味。同时它能够在不同场合配餐饮用，采收后多年的陈酿还能赋予其别致的优雅感。

　　图拉斯是深红宝石色，以一股清爽却浓郁的味道亮相，有着樱桃和紫罗兰的香味，且伴随着淡淡的、令人愉悦的欧亚甘草和香草的气息。它咸鲜、饱满且充满活力的味道充斥味蕾，令人联想到能传达出富有表现力和活泼感的矿物气味。

葡萄酒

类型： 红葡萄酒、干型。

颜色： 深红宝石色。

酒香： 广阔、深邃，带有樱桃、黑樱桃、李子（甚至是李子酱）、紫罗兰、欧亚甘草和烟草的味道。

评鉴笔记： 充沛、饱满、活泼，以及恰到好处的辛口感，且略带咸鲜味。

葡萄品种： 艾格尼科。

等级： 图拉斯 DOCG（意大利保证法定产区葡萄酒）。

产地： 意大利卡帕尼亚。

最佳饮用温度： 16—18℃。

最低酒精度： 12%。

配餐建议： 搭配由陆地动植物烹饪的主菜，特别适合炖煮的肉禽佳肴、烧烤食物和陈年奶酪。

金粉黛尔
（ZINFANDEL）

一段美国往事

　　美国加利福尼亚州最著名的葡萄酒是赤霞珠，这款红葡萄酒在过去 50 多年中坚持不懈地展现着令人难以置信的质感与优雅，并敢于挑战葡萄酒世界里最为耀眼的波尔多，以及来自世界各地的其他名酒。而且，这个州也因为一款特别醇厚的葡萄酒而广为人知，近几年传播范围也更广，这款酒以其独特的个性吸引了众多品鉴者，它就是金粉黛尔，非常之经典，无人不知其大名，被公认为加利福尼亚州大部分产区中最具个性的葡萄酒。

　　与金粉黛尔同名同姓的这个葡萄品种，关于它的起源，有许多轶事可与大家分享。在过去很多年里，人们并不知道它确切的品种，以及它来自哪里。在 20 世纪前半叶，金粉黛尔在加利福尼亚北部开始蔓延，其产量和生命力渐渐受到人们的好评。于是，一些葡萄品种研究学家开始研究它谜一般的身世，却收获寥寥，人们对它闻所未闻，它与当时从法国引进的所有流行葡萄品种也都不一样。唯一被查清的是，它来到美国的时间点在 1829 年，从维亚纳（Vienna）和奥地利东海岸的苗圃里漂洋过海登上了美国东海岸的土地。这个神秘的光环金粉黛尔戴了几十年，直到 20 世纪 60 年代末期才初露真容。加利福尼亚大学戴维斯分校（UC Davis）的植物病理学家和葡萄酒专家奥斯汀·歌辛（Austin Goheen）第一个提出它与普里米蒂沃（Primitivo）有着惊人的相似性，后者是一种长着红色果皮的葡萄，广泛种植于意大利南部的阿普里亚（Apulia）大区。20 世纪 80 年代，随着基因科学的普及，所有疑云一扫而空——金粉黛尔与普里米蒂沃竟是"同胞兄弟"。

但它是如何从意大利的阿普里亚来到美国的，却仍是不解之谜。到了 2001 年，人们在克罗地亚（Croatia）发现了一种几乎快要灭绝的葡萄品种（克罗地亚语称为 Crljenak Kaštekanski），它的基因图谱与普里米蒂沃、金粉黛尔如出一辙，彼此分道扬镳之后终于再次相聚。这个不可思议的故事不仅告诉我们一个品种的起源，还有其移居他处之后在近代学习、识别和分类全世界酿酒葡萄品种的植物品种研究学上经历的种种坎坷。

如今我们所熟悉的金粉黛尔是一款非常温暖、浓烈的红葡萄酒，带有迷人的水果香味，比如黑莓、蓝莓、西梅果脯和醋栗等，而这些只是它众多特征中的一小部分。它饱满又迷人，经常与一些有趣的加州红葡萄酒混酿在一起。

类型： 红葡萄酒、干型。

颜色： 明显的红宝石色。

酒香： 充满果香味，且混合着强烈的樱桃、西梅果脯、蓝莓，甚至有果酱、黑胡椒、欧亚甘草、香草和烟草的味道。

评鉴笔记： 深邃、温暖，且层次佳。

葡萄品种： 金粉黛尔。

等级： 纳帕谷。

产地： 美国加利福尼亚。

最佳饮用温度： 16—18℃。

最低酒精度： 12.5%—13%。

配餐建议： 搭配由陆地动植物烹饪的主菜，以及陈年奶酪、烧烤肉食和加有馅料的酥点。

甜型葡萄酒言之不尽的微妙差别

从全球范围内的产量和消费量来看，虽然甜型葡萄酒所占的比例少之又少，但归于此类别之下的葡萄酒品种却不乏其独特的魅力。这些葡萄酒隐隐透着成千上万种不同的基调，浓烈且富有变化的气味令人惊喜不已——风干和糖渍的水果、蜂蜜和果酱、焦糖、糖浆，甚至还有烧烤和香辛料的味道。这些味道都能在品尝时跃然于舌尖，伴随着微妙和令人着迷的甜蜜味道、浓烈的新鲜口感及其酒体而带来绝佳的平衡感。总的来说，这些特质使葡萄酒不但呈现出极其优异的品质，也赋予了它经久不衰的生命力。

很多甜型葡萄酒是选用葡萄干果酿造而成的，有时候会推迟几周再采收。在此期间，葡萄因为受到了更多的阳光照射，自然损失了水分，使其甜度和香味更为集中，或者也可以将采摘下来的葡萄果实铺在特殊的晾架上自然风干。还有一些则受益于特别的霉菌，这些霉菌在某种特定的气候条件下，会包裹住果实，使其腐而不烂，在葡萄酒发酵期间酿造出特有的酒香。来自波尔多产区的索泰尔讷甜葡萄酒最为闻名遐迩。更多甜型葡萄酒实际上来自冬季采收的葡萄果实，一旦冰霜覆盖即是采收良机。虽说最好的冰酒来自北美洲，但德国、奥地利和整个欧洲大陆也有不少优秀品种。当然，也别忘了其他特别的类型，如加强型葡萄酒，无论干型或甜型、白葡萄酒或红葡萄酒，它们都添加了一定百分比的蒸馏酒。在过去的几个世纪中发生了诸多事件，这些酒被酿制出来是为了能端上欧洲贵族的餐桌，特别是英国上流社会。这就是为什么安达卢西亚（Andalusia）的赫雷斯港口、西西里岛的马沙拉港口和葡萄牙的波尔图港口成了优质葡萄酒的代名词。经历了百转千回的变化，这些葡萄酒仍然得以延续至今，这得感谢酒庄始终如一地坚持传统，在某些情况下，也得感谢精明的酿酒商们不懈地投入。

葡萄酒是美妙晚餐的理想伴侣，也是完美甜点的金牌搭档，当然也能纯粹享受葡萄酒本身带来的美妙体验。没有任何一款酒能像葡萄酒一样，为我们带来畅游于时间和空间的快感。

冰 酒
（ICEWINE）

无情的寒冷成了忠实的朋友

这是一款不同寻常的甜酒。冰酒来自于世界上一些气候严寒至极的地区，它是如此独特，无法被其他产区轻易效仿。酿造冰酒的果实选用的是留在葡萄园里自然霜冻的葡萄，冰霜冻结住了葡萄中的水分，因此果汁和糖分更为饱满。冰酒的历史始于 1794 年，诞生在德国。当时突来的一场大雪，使尚未采收的葡萄一夜冻结成冰，农夫们不舍得丢弃并试图挽回损失，于是将这些冻葡萄酿成了酒。但实际上，冰酒在加拿大，特别是安大略（Ontario）省更为出彩，那里的气候稳定，保证了葡萄酒的品质和可持续的生产能力。

酿造冰酒用的葡萄从一开始就决定了它们的命运，果农们只采收一部分，留下的果实则继续挂在枝头，等待气温日渐降低。这是一个关键又微妙的时期，因为冰雹或是特定的病虫害随时都可能给即将到来的丰收带来不可逆转的损失。当温度一旦稳定地跌破零度，便是采收的好时机，而被带到酒窖的葡萄仍保持着半冰冻的状态。

令人吃惊的是，冰葡萄的出汁率非常低。简单地举个例子来说，为了获得 1 升的冰酒，可能需要耗费多达 10 千克的冰葡萄，用量比普通白葡萄酒高出七八倍。然而，酿出的美酒确实非同一般，酒体颜色从金黄色到琥珀色美轮美奂，气味芬芳迷人，有蜂蜜、焦糖、生姜、蜜桃、杏子和糖渍柑橘的味道，但又只是其所描述出的香味特点的一小部分。

加拿大产的冰酒之中，属雷司令和白威代尔这两个葡萄品种历史悠久，后者越来越受爱酒人士的赏识。白威代尔属于杂交品种，含糖量更高且酸度适中。一些酿酒师也会用霞多丽和琼瑶浆葡萄。就在最近，用品丽珠酿成的小产量冰酒也成了波尔多产区最为重要的葡萄酒品种之一。

类型: 白葡萄酒、甜型。

颜色: 金黄色。

酒香: 浓烈、深邃，混合着蜂蜜、焦糖、生姜、荔枝、菠萝、木瓜、糖渍柑橘的香味。

评鉴笔记: 甜美、复杂、引人，带有明显的香味、轻微的酸味。

葡萄品种: 雷司令、白威代尔。

等级: 冰酒。

产地: 加拿大安大略。

最佳饮用温度: 11—13℃。

最低酒精度: 7%。

配餐建议: 餐后饮用，搭配如卡什达奶油甜点和鹅肝更佳。

马沙拉

（MARSALA）

一段迷人的故事

光阴如梭，自从西西里岛重新焕发出葡萄酒生产活力，已度过几个春秋。整个产区现在正由新一代葡萄酒制造商扶持着，伴随着历史悠久的老品牌，似乎所有最为传统的特征都能以统一的方式沿袭下去。如果代表着西西里葡萄酒多样性的埃特纳（Etna）产区是如此发展的，那其他葡萄酒的主要产区则完全一如往昔，从维多利亚到诺托（Noto）、法罗到曼菲（Menfi）、阿尔卡莫（Alcamo）到埃奥利群岛（Aeolian Islands），无一例外。此外，有一个地方，似乎处在即将恢复往日荣耀的边缘之处，那就是位于西西里岛西端的马沙拉。其得天独厚的地理位置赋予了葡萄酒最恰当的名字，并成为世界上最著名的西西里葡萄酒之一，也是意大利酿酒历史上和传承过程中极其重要的一部分。

故事开始于 1773 年，或许是因为天气原因，英国商人约翰·伍德豪斯（John Woodhouse）乘坐的商船偏离航向，转舵停靠进了马沙拉的港湾。一次进城途中，他和船员在机缘巧合下品尝到了这片内陆上历史悠久的美酒，酒体透白，充满历史感，其令人赞叹不已的特点能追溯到古罗马时期。当地传统的酿造方法是把葡萄酒贮藏在大木桶中进行陈酿，且酒桶的最底层始终保有底液，即每次只取出部分陈酒，然后再用新酒灌满，这种方法能保证酒桶内不同年份的葡萄酒所占比例最为合适。正是伍德豪斯慧眼识金，发现了这款葡萄酒的魅力所在，它与西班牙和葡萄牙的某些白葡萄酒有着异曲同工之妙。于是，他计划船运几十管（小尺寸的 412 升酒桶）葡萄酒到英国，并于起航前在酒桶里加了些蒸馏烈酒，以保证葡萄酒在途经直布罗陀海峡的漫长旅途中保持品质。当时的他并不知道现代驰名的马沙拉葡萄酒正诞生于此刻。

马沙拉登陆之后立刻大获成功，巨大的商机促使伍德豪斯即刻返程西西里岛，开始着手建造酒庄进行大规模生产。几年之后，马沙拉声名显赫，吸引了许多投资者涌入当地，将这款葡萄酒推广到全世界人民的餐桌上。然而，20 世纪 90 年代的大部分时间里，马沙拉的产量是逐年下降的，直到 20 世纪末期，由于世人对整个生产过程的关注度大大提升，马沙拉才又卷土重来。

马沙拉有着引以为傲的分类等级，复杂却足以完美地详述其不凡。这款酒按颜色可以分为琥珀色马沙拉、金黄色马沙拉，以及红宝石色马沙拉。根据酿造的葡萄品种而又各有不同，前两者用的是白葡萄品种，如格里洛、卡塔拉托、尹卓莉亚；后者则用红葡萄品种，如比耐泰洛、黑达沃拉或派瑞科恩。此外，马沙拉葡萄酒根据其陈酿时间不同，由短至长依次可分为以下等级："佳酿"（Fine）、"超级"（Superiore）、"超级珍藏"（Superiore Riserva）、"维珍"（Vergine）、"维珍珍藏或维珍思达奇欧"（Vergine Riserva 或 Vergine Stravecchio）。最后，再按甜度分为干型（Secco）、半干型（Semisecco）和甜型（Dolce）。

基于 1773 年调配而成的基础配方，经过了整个世纪仍然完好无损地沿用着。马沙拉酒依旧是一种加强型葡萄酒，也就是说，在其生产过程中会加入一定含量的蒸馏烈酒。目前，有小部分酿酒师正致力于重新恢复当地白葡萄酒的古老传统，早在伍德豪斯之前，这款葡萄酒在其深度和生命力上就已取得了不俗的成就，能在其广度、细节、深度上令品尝者惊叹。

类型： 红葡萄酒或白葡萄酒、干型或甜型。

颜色： 金黄色，常偏向琥珀色、红宝石色。

酒香： 浓烈、醇厚，带有金雀花、橙花、糖渍水果和果脯、烟草、可可、扁桃仁、欧亚甘草的味道。

评鉴笔记： 温润、持久，令人陶醉且余味绵长。

葡萄品种： 格里洛、卡塔拉托、黑达沃拉、派瑞科恩。

等级： 马沙拉 DOC（产地控制认证）。

产地： 意大利西西里岛。

最佳饮用温度： 10—12℃、14—16℃。

最低酒精度： 17.5%。

配餐建议： 餐后饮用，搭配饼干、干点心和水果干更佳。

潘泰莱里亚·帕赛托
（PASSITO DI PANTELLERIA）

风化、大海和阳光

　　当我们漫步在潘泰莱里亚岛上，便能感受到它的特别之处。这个在地图上只画着一个小点的地方，比亚平宁半岛更靠近突尼斯（Tunisia）。在那里，甜美却脾气暴躁的地中海邂逅了一片独特、原始的岛屿，它充满了历史意义。这座岛屿经过长时间风化而成，被阳光照耀得闪闪发光，像是出现在蔚蓝天空下的一幅画。

　　潘泰莱里亚·帕赛托无疑如实反映出了这座岛屿的特点。这款葡萄酒具有非凡的魅力，甜蜜又充满活力，且具有广度和深度，它的起源可以追溯到 1000 年前。公元 200 年，迦太基将军马戈（Carthaginian General Mago）曾如此描述葡萄酒的生产过程："成熟的葡萄从藤蔓上被人摘下，去掉霉变的坏果，将用于酿酒的果实平铺在芦苇秆上，任阳光照射挥发水分，且要彻夜照看以防止露珠沾湿。一旦变干，这些葡萄就被放进罐子里，并倒入葡萄汁浸没。6 天之后，挤压取得所有汁水，并处理掉果渣。然后，在新鲜的葡萄汁中加入一些被太阳晒干的葡萄，再次倒入罐子里。最后，葡萄酒被密封在陶土罐里，发酵 20—30 天后开罐……"现代的潘泰莱里亚·帕赛托的酿造工艺与过去并没有多大不同，先采收，通常是在 8 月太阳最猛烈的时候，将葡萄果实露天放置在芦苇秆编成的垫子上，休憩几个星期，期间酒农会经常翻面以保证每颗葡萄干瘪均匀。接着，将这些干葡萄加入第二次采收、压榨出的葡萄汁中，这一刻的混合不仅能提高酒的甜度，还能造就潘泰莱里亚·帕赛托所有的香味，尤其在被建议单独享用的葡萄酒中更显得不同凡响。酒窖陈酿使它成长得更为完全，瓶装后仍能不断完善自身，最终生成高深莫测的香气和令人难以置信的浓度。如此特别的葡萄酒适合与特别的人一起分享。

　　火山灰土壤是极具特质的意大利葡萄酒的基础，不仅对潘泰莱里亚，还包括从苏瓦韦（威尼托大区）到埃特纳（西西里岛）等产区。

类型： 白葡萄酒、干型。

颜色： 明显的金黄色。

酒香： 醇厚，带有杏子酱、海枣、无花果、扁桃仁、糖渍柑橘、橙花蜂蜜的味道。

评鉴笔记： 甘甜，且带有令人愉悦的酸味，余味绵长。

葡萄品种： 泽比波（或称为亚历山大麝香葡萄）。

等级： 潘泰莱里亚甜白 DOC（产地控制认证）。

产地： 意大利西西里岛。

最佳饮用温度： 10—12℃。

最低酒精度： 11%。

配餐建议： 餐后饮用，特别适合搭配干点心和果酱馅饼。

波特酒
（PORT）

杜罗河与创造历史的葡萄酒

近几年来，位于葡萄牙东北部的整个杜罗河产区以优质的干型葡萄酒备受瞩目，它的知名度主要来自于它最具代表性的产物——波特酒。这是世界上最重要的葡萄酒之一，其名字源于海运贸易城镇——波尔图，来自内陆的大酒桶能从这里装船漂洋过海运往英国或其他国家。这片产区沿着杜罗河的流向，在过去几十年里，享受着这条专用河道运输葡萄酒进城的特别待遇。从自然学的角度来看，这里的风土条件令人大为惊异，陡峭的山坡下幽深的峡谷历经百年沧桑，人们在 17 世纪时发现了这里不同寻常的美。在这里，人们充分施展出了梯田耕种的高超技能，从而创造出了独一无二的田园风景。

说起波特酒自身的历史，同雪莉酒、马沙拉酒等许多加强型葡萄酒一样，也与商业路线紧密联系。尽管酿酒葡萄在古罗马时期就已在该地区广泛种植，但事实上当地酿酒业的兴旺和发展却是 17 世纪末期由英国人带动起来的。当时主要的问题是运输，即如何确保葡萄酒在漫长的旅途中安然无恙，而最普遍的做法就是在每桶酒里加入少量白兰地，通过酒精来稳定酒性，以确保运输途中葡萄酒的品质完好。这是真的吗？对此，还有另一种版本的解释，即认为杜罗河产区的修道士才是"波特酒之父"，是他们曾在葡萄酒的发酵过程中添加了少量烈酒。这一方法能使葡萄酒存放更长时间，且口感更温和、味道更甜美，因为酒里的糖分没有分解殆尽，全部转化成了酒精。可以肯定的是，纵然已走过几百年的历史，这种酿造技术历久弥新，仍为人们的生活增添了一种其他地方无可比拟的葡萄酒。波特酒充满历史感的特征便是，甜度与酒精以完美的比例和谐共存，以使它成为世界上最迷人的葡萄酒中的一员。

波特酒随着时间的变迁出现了许多其他类型，这也推动并铸就了它的成功，从最简单的新酒，到需要在酒窖漫长沉淀的最醇厚的陈酿。此外，它还有白色的类型——白波特酒（Porto Blanco），这种最重要的本地葡萄酒却是用红色葡萄品种酿制而成的。其生产规格有明文规定，主要的酿酒葡萄品种有在西班牙耳熟能详的红巴罗卡（Tinta Barroca）、卡奥红（Tinta Cão）、罗丽红（Tinta Roriz），其他品种还有丹魄、国产弗兰卡（Touriga Francesa）和国产多瑞加（Touriga Nacional）。

通常那些装入大橡木酒桶进行陈化的波特酒很快就能用以销售，而那些需长时间陈化的波特酒则被灌入酒瓶并在指定的酒窖储藏室中沉睡几年甚至几十年。其中，最简单且最广为流传的是宝石红波特酒（Ruby Port），带有夺目的水果色彩和怡人的甜味，却不适合在瓶中陈化时间过长。

　　另一种比较流行的类型是茶色波特酒（Tawny Port），是品鉴者感受当地葡萄酒主要特点的理想选择，其水果香气混合着一丝胡桃仁、扁桃仁的甜美。而陈酿茶色波特酒则另当别论，它们需要窖藏更长时间，其生命力之长也更令人赞叹，是兼具广度与深度的绝佳享受。说到年份波特酒（Vintage Port），在整个波特酒金字塔中，有一款叫作晚装瓶年份波特酒（Late Bottled Vintage，简称LBV），代表了一个重要的类别，屹立在波特酒复杂分类的品质巅峰。

类型： 红葡萄酒、甜型。

颜色： 深红宝石色。

酒香： 深邃，带有黑莓、红醋栗果酱、无花果干、榛果、可可、咖啡、檀香、烟草、皮革和香草的味道。

评鉴笔记： 甘甜又令人陶醉，浓郁、深邃，且余味绵长。

葡萄品种： 国产多瑞加、红巴罗卡、罗丽红、卡奥红、国产弗兰卡。

等级： 波特DO（产地控制认证）。

产地： 葡萄牙杜罗河谷。

最佳饮用温度： 14—16℃。

最低酒精度： 16.5%。

配餐建议： 单独享用。

它们是醇厚且色泽浓烈的葡萄酒，常呈现出红石榴般的色彩。它们的香气极具个性，不仅有水果果酱、干花、榛果仁、胡桃壳、可可、巧克力和咖啡的气味，还能感受到烟草、皮革甚至不单纯是东方香调的香料气息。这种年份波特酒即使沉睡几十年仍然令人惊艳，杜罗河产区就有保存完好的最古老的波特酒，至今尚未开封。它们表现出的温暖感与甜美度的完美平衡以压倒性胜利俘虏了所有品鉴者，令人意犹未尽地体验着味觉的欢愉。这还要归功于出人意料的清爽感，通常最上等的波特酒总能给人一种难以置信的余味和味觉体验。

瓦尔波利塞拉·雷乔托
（RECIOTO DELLA VALPOLICELLA）

以甜蜜之名的传统佳酿

毫无疑问，瓦尔波利塞拉对于意大利葡萄酒来说是最重要的产区之一，这片相对广阔的土地已延伸至维罗纳（Verona）市北部，一边正对着加尔达湖（Lake Garda）的湖畔，另一边则是索阿韦（Soave）和甘贝拉拉（Gambellara）两大产区，均靠近维琴察（Vicenza）。在这里，气候与地质因素的巧妙结合，让葡萄找到了栖息的家园。在这些山谷中，葡萄果实酿造出了极其迷人和原汁原味的葡萄酒。无独有偶，瓦尔波利塞拉，其名字来自于古拉丁语"vallispolis-cellae"，意思是酒窖众多的山谷。在 4 世纪和 5 世纪，古罗马政治学家、历史学家、聪明的卡西奥多罗斯（Cassiodorus）是狄奥多里克（Theodoric）的执掌者、西哥特的国王。他曾在自己的一封书信中描述了一款名为阿乔纳缇科（Acinatico）的特别的葡萄酒，其果实是经历了某种特殊的枯萎过程后才进行酿造的。它就是如今我们所知道的瓦尔波利塞拉的前身。

雷乔托是瓦尔波利塞拉产区所有葡萄酒中最为传统的一款，甜美、温暖又带有怡人的香气，是需要漫长等待的神奇产物，从采收果实开始，要经过长达三四个月的干燥。因为一些现实原因的考量，现代的果农会把葡萄放在木质隔板上堆叠起来晾干，而且随着产量增加，也有些果农改用塑料材质的隔板。极少数的酒庄仍自豪地坚守传统，他们仔细地把葡萄一串串单独挂在小钩子上，从而建成一个系统复杂、纵横交错的绳索晾架，这也是利用理想环境来晒干葡萄仅有的传统方法。

当然，也有用专门的房间来风干葡萄果实的，人们称为"福露塔"（frutta，如字面意思，即放水果的房间），通常设在山顶酒窖的上层，以保证湿度较低且通风良好。经过长时间的风干，葡萄失去了自身大部分的水分，重量减轻，所含糖分却高度集中，一旦发酵完成，其独特的甜美口感便可在玻璃杯中供人享受。

浓烈、复杂且余味绵长的瓦尔波利塞拉·雷乔托，同样能酿造出趣味盎然的起泡型葡萄酒。不论哪种类型，都是节日庆典中的美味主角，它是如此令人回味无穷的葡萄酒，永远紧密联系着瓦尔波利塞拉地区的悠久传统。

类型： 红葡萄酒、甜型。

颜色： 深红宝石色，浓烈且神秘。

酒香： 复杂、深邃，带有黑莓、李子、黑樱桃果酱、可可、欧亚甘草、薄荷醇的辛辣味道。

评鉴笔记： 甘甜、柔和、温润，令人陶醉且余味绵长。

葡萄品种： 科维纳、科维诺尼、罗蒂内拉。

等级： 瓦尔波利塞拉·雷乔托 DOCG（意大利保证法定产区葡萄酒）。

产地： 意大利威尼托。

最佳饮用温度： 14—16℃。

最低酒精度： 12%。

配餐建议： 餐后饮用，搭配干点心和带有香料风味的甜品更佳。

苏玳贵腐甜白
（SAUTERNES）

贵腐霉菌是天赐之物

　　苏玳贵腐甜白被公认为是全世界最著名、最优秀的甜型葡萄酒，它历史悠久，声名显赫。虽然贵腐酒的传说大约始于 17 世纪中期，是匈牙利人在大名鼎鼎的托卡伊产区用被"贵腐霉菌感染的"葡萄酿出了历史上第一批贵腐酒，然而波尔多产区所产的甜型葡萄酒却充满魅力，数百年来，以自己的方式成功占领欧洲乃至世界各地重要的餐饮场所。它令人难以置信的丰盈口感征服了世世代代的贵族名流，人们的狂热铸就了它的神话。1855 年，当蜚声遐迩的波尔多葡萄酒品级酒庄公诸于世时，苏玳是唯一一个在梅多克产区之外却榜上有名的例外，至今仍然享有极高的风评。此外，对于酿造品质极其优异的苏玳葡萄酒的一些酒庄来说，它们被特别冠以"优一级"（Premier Cru Supérieur）的殊荣，以强调其无与伦比的品质。

　　在整个产区，只有 5 座酒庄获得授权生产苏玳贵腐甜白，分别是最大的巴萨克（Barsac），以及博美（Bommes）、法尔格（Fargues）、普雷尼亚克（Preignac）和同名的苏玳。它们都位于锡龙河（Ciron）附近，滔滔河水奔流向北汇入加龙河（Garonna）。不同于波尔多产区，这里的气候冬天略显寒冷，夏天又有些炎热，往南还受到广袤的朗德森林（the Landes forest）的影响。所有这些细小的差异集合在一起，就形成了当地独具特色的小气候，尤其随着秋天的到来，雾气的增加使好气性霉菌（即贵腐菌）找到了适合生长的温床，也由此带来了苏玳贵腐甜白的所有特点。夜间的湿气有助于当地最盛行也是最重要的葡萄品种，如赛美蓉（Sémillon）、长相思和密斯卡岱（Muscadelle）的表皮上附着上一种被称为"灰葡萄孢菌"（Botrytis Cinerea）的霉菌，这种霉菌包裹着葡萄可防止其他病变。特别是那种更加注重葡萄酒品质的酒庄，就常会采用最原始的手工采收且少量多次，进入园内采收的次数往往多达 5 次以上。在每一条通道里，果农只采摘被贵腐霉菌包住且彻底萎腐的葡萄果实。它们看上去像是得了一种病，实际上却能帮助果实减轻水分、浓缩糖分，并散发出珍贵、独特又馥郁的香味。

贵腐葡萄酒是世间绝无仅有的琼浆玉液。贵腐菌除了赋予苏玳贵腐甜白以独具特色的香味，也导致了庄园每公顷葡萄产量的急剧减少，这就是为什么贵腐葡萄酒一旦进入市场，价格必然居高不下的原因所在。上好的苏玳贵腐甜白拥有极其特别的香味，即使价格高昂，但的确物有所值。如果能窖藏几十年，带有蜂蜜、藏红花、糖渍果脯和柑橘的香味能在岁月沉淀中焕发出高贵的底蕴，使苏玳贵腐甜白成为世界上生命力最长的葡萄酒之一。

类型：白葡萄酒、甜型。

颜色：浓郁的金黄色。

酒香：浓烈，带有蜂蜜、藏红花、甜橙果酱、糖渍水果、香草、胡椒、肉桂和榛果仁的味道。

评鉴笔记：甘甜、柔和，令人陶醉且带有充满活力的清爽感，余味绵长。

葡萄品种：赛美蓉、长相思、密斯卡岱。

等级：苏玳 AOC（法国法定产区认证）。

产地：法国波尔多。

最佳饮用温度：11—13℃。

最低酒精度：13%。

配餐建议：餐后饮用，搭配鹅肝和蓝纹奶酪更佳。

雪莉酒

（SHERRY）

经典至尊的浓烈不羁

虽说围绕在赫雷斯·德拉弗龙特拉（Jerez de la Frontera）周围的葡萄酒产区幅员辽阔，各自都能自信地拿出许多不同类型的葡萄酒，但毋庸置疑的是，在所有人的脑海里，最值得啧啧称道的世界级名酒非雪莉酒莫属。

在西班牙，赫雷斯（Jerez）的名字如雷贯耳，到了法国，它叫雪莉（Xérès），而现在的雪莉（Sherry），其名字则与安达卢西亚自治区的小镇同名，位于伊比利亚半岛，面朝直布罗陀海峡（Gibraltar）和摩洛哥（Morocco）。这个地方有着不可思议的吸引力，不同文化相互融合，葡萄酒在其中扮演了至关重要的角色。举例来说，现存的许多文件都是当地生产发展的历史佐证，当时只有甜型葡萄酒，在安达卢西亚帝国所属的首都——罗马深受人们喜爱。尽管在摩尔人统治期间，明令禁止消费酒精饮料，但一些小规模的酒庄仍顽强地存活了下来，它们的葡萄酒注定只能出口到容许饮酒的国家和地区。然而，在这段被人们称为"地理探索时期"的岁月里，赫雷斯葡萄酒的名气仍被广为流传。特别是安达卢西亚著名的港口城市——加迪斯（Cadice），船只从那里起航去开辟新世界和东印度群岛，其装载的物资中通常都装满了数量可观的葡萄酒。从那段时期一些船只的航海日记里可以看到，著名的葡萄牙探险家麦哲伦（Magellano）在自己的一次远航期间，仅葡萄酒就花费了 594.790 西班牙双柱银元，而购买船只和船员所用的武器则用了 566.684 双柱银元。1941 年在葡萄酒出口税废除后，雪莉酒终于崭露头角，在整个欧洲，尤其是英国声名鹊起。由于当时英国与法国长期交战，那里早就不再有波尔多美酒的身影。也正是由于这个原因，那时许多英国家庭决定举家迁往赫雷斯附近。在这样的大环境下，雪莉酒的出名带动了其他加强型葡萄酒，比如马沙拉、马德拉（Madeira）和波特酒在欧洲北部的知名度。

显然，这些充满历史底蕴的葡萄酒与我们今天所熟悉的葡萄酒大有不同。经历了几个世纪，酿酒技术让葡萄酒的感官特点更具个性。从未改变的是赫雷斯·德拉弗龙特拉地区独特的风土环境，不仅非常炎热、干旱，同时还受到附近大西洋的有利影响。

此外，上等雪莉酒拥有绝佳的纯度，其背后功臣莫过于当地被称为"白土壤"（albariza）的特殊土质。这种土壤中富含石灰岩，浅浅的颜色就像法国香槟产区的土壤，其储水性极佳，有利于葡萄生长。在这样的环境中，帕洛米诺（Palomino）——用以酿造雪莉酒最著名的葡萄品种，特别能表现出干型雪莉酒的魅力，也能轻易达到完美的成熟状态。对于这款本土葡萄酒的酿造，同样做出巨大贡献的还有佩德罗·希梅内斯（Pedro Ximénez）和较少使用的麝香葡萄（Moscatel），这两个葡萄品种通常用于酿造甜型葡萄酒。

　　酿造雪莉酒的每个步骤都环环紧扣，十分引人入胜。它的等级划分堪称全欧洲最复杂，是数百年专业知识的结晶。一旦葡萄果实开始发酵，产出第一道白葡萄酒，当地的酒窖就必须在众多选项中做出第一次选择，即决定它将要被酿造成什么类型，不论是费诺（Fino）还是奥罗索（Oloroso），这两大葡萄品种都包含在法定分级里（从时间顺序来看，它们是整个西班牙最早的等级划分）。费诺雪莉酒一般更为细腻，口感较干却很纯净，带有一定的酸度。而奥罗索雪莉酒尽管口感也干，但颜色更深，更富有层次和后劲，常被酿造成甜型葡萄酒。费诺雪莉酒的不同之处在于其酒液是被灌入半空的木质酒桶中进行陈酿，酒液表面会有一种由天然酵母形成的特殊白色薄膜，称为"酒花"（flor），是一道天然屏障，可防止葡萄酒过早氧化。奥罗索雪莉酒的陈酿也是以直接接触空气的方式，但不同的是其中会加入烈酒，直到其酒精度达到 17—17.5°，这种做法可以防止酒花形成，从而使葡萄酒自然氧化。它们都是非常原始的葡萄酒，在过去的几十年中有一定程度的贬值，主要原因在于其生产品质良莠不齐。然而到了今天，它们好像正处于真正的复兴时期。一瓶顶级的费诺雪莉酒，颜色苍白，带有精致却充满个性的香气，能散发出面包、发酵面团、干草、柑橘和果脯果干的迷人气味。那种矿物质气息能唤起我们对于海洋、空气的联想，仿佛打开了一种纯粹、优雅，又带有节奏感的味觉世界。奥罗索雪莉酒则完全不同，颜色更深，接近于琥珀色，气味则带有东方香料、木屑、石蜡、糖渍柑橘、皮革和草药的气息，能表现出同样干的口感和醇厚的层次，酒体饱满，充满多面性，温暖且圆润。

　　雪莉酒的分类还有曼柴尼拉（Manzanilla）、阿蒙蒂拉多（Amontillado）和帕罗·卡特多（PaloCortado），都是全世界葡萄酒爱好者们如数家珍的美酒佳酿，值得我们用心去发现。

葡萄酒

类型： 红葡萄酒或白葡萄酒、干型或甜型。

颜色： 金黄色，陈酿通常偏琥珀色。

酒香： 浓烈、丰富，带有海枣、胡桃、无花果、糖渍柑橘、成熟苹果、海水浸泡过的橄榄、干花、洋甘菊和香草的味道。

评鉴笔记： 有力、优雅，有着令人愉悦的新鲜感，且余味绵长。

葡萄品种： 帕洛米诺、佩德罗·希梅内斯、麝香葡萄。

等级： 赫雷斯DO（原产地名称）。

产地： 西班牙安达卢西亚。

最佳饮用温度： 11—13℃。

最低酒精度： 13.5%。

配餐建议： 单独享用。

托卡伊

（TOKAJI）

流传了整个世纪的神话传说

作为一个具有巨大吸引力的文化熔炉，匈牙利为自己所拥有的独特葡萄品种和葡萄酒自豪不已，无论是层次丰富、别致的白葡萄酒，还是活泼、清爽的红葡萄酒都令人回味无穷。其中有一款特别的葡萄酒，更是深受许多葡萄酒爱好者的青睐，几个世纪以来一直备受赞誉，最终成了全世界高级餐桌上的"常客"，它就是托卡伊。"托卡伊"这个名字来自于它土生土长的小镇名字，若干年前，还一直被称为"托凯"（Tokay）。

托卡伊的历史极为悠久，其官方分级制度可以追溯到波尔多分级之前，初定于1700年，后于1737年对一级、二级、三级酒庄提出复查，最终于1772年敲定并形成法案。在匈牙利东北部的山脉上——毗邻斯洛伐克和乌克兰，诞生了第一瓶匈牙利贵腐酒。这种甜型葡萄酒选用的是迟摘葡萄，薄雾弥漫的清晨增加了空气的湿度，形成了贵腐菌，也就是灰霉菌繁殖的温床。贵腐葡萄也因为脱去了自身水分，而浓缩了糖分和香味之精华，法国的苏玳产区就是最著名的例子。托卡伊这款葡萄酒也充满了魅力，浓烈而优雅，饮后绝对意犹未尽。

整个托卡伊产区以福尔明葡萄酿成的干型葡萄酒闻名，而福尔明也是整个匈牙利最重要的白葡萄品种，尤其是制成品托卡伊·阿苏（Tokaji Aszú）葡萄酒。这种甜型葡萄酒的生产过程自称一派，酿酒果实采收于每年的10月底至11月初，因这段时间的葡萄已被贵腐菌侵染——人们也称其为阿苏葡萄（即贵腐葡萄），将其与健康葡萄隔离开来。后者没有沾染贵腐菌，则被运到酒窖酿造成干型葡萄酒，成为下一步骤的基础汁液。而贵腐葡萄将被留在酒桶中休憩，以使酒液自然沉淀到底部，依自身重量流出酒桶的便是埃森齐亚贵腐酒（Eszencia）的酿酒原液，被评价为该产区最著名且最具声望的甜型葡萄酒。在这关键的步骤之后，贵腐葡萄要在葡萄汁或干型葡萄酒中浸泡几天，由此带出内部凝聚的所有糖分，以酿造出经典优质的托卡伊风味葡萄酒。人们还对糖浓度做出了特别的识别称谓，即"筐"（puttonyos），意思是装葡萄的小篓，指干型葡萄酒底液中加入的葡萄筐数。

类型： 白葡萄酒、甜型。

颜色： 金黄色，陈酿通常偏琥珀色。

酒香： 浓烈，带有杏脯、糖渍柑橘、香料和蜂蜜的味道。

评鉴笔记： 甘甜、有力，有奶油的细腻感，却又十分清新，余味绵长。

葡萄品种： 福尔明、哈斯诺威乐。

等级： 托卡伊。

产地： 匈牙利托卡伊山麓。

最佳饮用温度： 11—13℃。

最低酒精度： 9%。

配餐建议： 餐后饮用，搭配鹅肝、蓝纹奶酪或卡仕达奶油甜点更佳。

在托卡伊的酒标上，"7筐"表示该酒是甜型，"4筐"即为半甜型，通常数值越小甜度越低，以此类推。

然而，这款葡萄酒的成功不仅仅是因其生产过程的非同寻常，也因其一系列相关的故事和传说，这是极少的葡萄酒才有的底蕴。其中一个传说认为，托卡伊具有治疗功效，是专供欧洲统治者们饮用的养身饮品。还有传言说是教皇庇护四世（Pope Pius Ⅳ）对它格外青睐有加，在特伦托会议期间，他声称这是唯一"适合他圣洁餐桌"的葡萄酒。甚至法国的路易十四，在收到匈牙利国王送来的这份礼物后，也曾公然赞许道："酒中之王，王者之酒。"

术语表

关于葡萄园

产量（YIELD）：指葡萄园中每块特定面积土地中葡萄果实的产量，一般以每公顷计算。

法国葡萄酒酒庄分级标准（CRU）：法语专有词汇，指具有区域和特殊土壤特征的酒庄所酿制的高品质特色葡萄酒，以区别于其他葡萄酒。

公顷（HECTARE）：农业统计中所用的公制计量单位，1 公顷 =1 万平方米，即边长为 100 米的正方形土地。

贵腐霉（NOBLE ROT）：一种霉菌，其菌丝可穿透葡萄皮，使葡萄内部的水分蒸发，以提高甜度。而用这种方法所酿制的葡萄酒被称为贵腐酒。

居由式种植法（GUYOT）：是世界上最为常见的葡萄种植方法之一，其名字来自于法国发明者朱尔斯·居由（Jules Guyot）。

美洲种砧木（AMERICAN ROOTSTOCK）：将美洲种野葡萄作为砧木应用于葡萄种植中，可达到自然抵御葡萄根瘤蚜侵害的目的。

农学家（AGRONOMIST）：学习并掌握科学技术，本书特指培育种植葡萄的专家。

葡萄根（VINE ROOT）：葡萄的分支上有结果的母枝，可用于扦插栽培。

葡萄根瘤蚜（PHYLLOXERA）：寄生于葡萄的一种毁灭性害虫，19 世纪被发现于欧洲。这种害虫能致使植株根茎腐烂，严重危害葡萄生长。

未经嫁接（UNGRAFTED）：一株葡萄植株没有作为接穗嫁接到美洲种野葡萄的砧木上，以保留原根。

关于酒窖

陈酿（AGING）：葡萄酒在发酵之后，用特定容器贮存一段时间使其自然老化，以赋予更多口感。

澄清（REFINING）：除去瓶中多余的物质，净化和稳定葡萄酒酒体，以提高口感特征。

传统发酵起泡（MILLESIMATO）：意大利酒庄术语，辨别一支起泡葡萄酒是否为同一季节采摘的葡萄酿制而成。

大橡木桶（TONNEAU）：一种酒桶，容量为 500 升，常被用于葡萄酒的陈酿。

二氧化硫（SULPHUR DIOXIDE）：可溶性气体，加入葡萄汁和葡萄酒中能起到防腐、抗氧化的作用（添加上限分别为白葡萄酒 200 毫克 / 升、红葡萄酒 150 毫克 / 升）。

法国大酒桶（BARRIQUE）：法式木质酒桶，容量为 225 升（波尔多式）或 228 升（勃艮第式）。

高压锅（AUTOCLAVE）：密封的金属容器，有不同尺寸，因为其抗高压的效果，可用于酿制部分起泡型葡萄酒。

果渣（POMACE）：葡萄果实的残渣，主要指果皮和种子。

加强型葡萄酒或利口酒（FORTIFIED WINE OR LIQUOROSO）：即在葡萄酒中添加了一定比例的蒸馏酒，以提高成品酒中的酒精含量。

搅桶（BATONNAGE）：是葡萄酒陈酿期间所运用的一种法国工艺，即定期搅动沉淀在桶中的酵母。

酒精发酵（ALCOHOLIC FERMENTATION）：通过葡萄中所含酵母菌的作用，在无氧环境中对糖进行不完全分解，生成乙醇、二氧化碳及其他副产物。

酒渣（LEES）：葡萄酒发酵后沉淀到容器底部的酵母和不溶解的颗粒物。

克莱芒起泡（CRÉMANT）：法国酒庄行话，用以酿制某些有别于香槟产区的起泡型葡萄酒。

酿酒师（OENOLOGIST）：从事单一品种或多品种葡萄酒酿制生产的人。

葡萄酒

苹果乳酸发酵（MALOLACTIC FERMENTATION）： 指在某种有益菌的作用下，将葡萄酒中高酸度的苹果乳酸转化成口感柔和、怡人的乳酸的一种化学反应。

葡萄汁（MUST）： 压榨葡萄果实所取得的汁液。

潜在酒精度（POTENTIAL ALCOHOL）： 即葡萄汁中可转化的糖分经过完全发酵所能获得的纯酒精含量，但它并非最终酒精含量。

调配（CUVÉE）： 法国酒庄术语，通过混合不同葡萄酒，使起泡型葡萄酒的口感更和谐，层次更稳定。

乙醇（ETHYL ALCOHOL）： 俗称酒精，是葡萄酒中最重要的醇类，由葡萄汁中的糖分转化而来。

意大利小酒桶（CARATELLO）： 小而坚固的意式酒桶，用于贮存某些特定葡萄酒或酿制意大利香醋。

关于酒标

半甜型（DEMI SEC）： 指含糖量在 32 格令／升至 50 格令／升之间的起泡型葡萄酒。

法国法定产区葡萄酒（AOC）： 是 "Appellation d'Orig- ineContrôlée" 的缩写，意为 "原产地控制命名"，是法国对于特定区域的葡萄酒冠以原产地名号，进行品质监管的一项管理制度。

干型（DRY 或写为 SEC）： 常见的带有甜味的起泡型葡萄酒，含糖量在 17 格令／升到 32 格令／升之间。

含亚硫酸盐（CONTAINS SULPHITES）： 强制性规定，当葡萄酒内的二氧化硫含量超过 10 毫克／升时需在酒标上做出相应标注（二氧化硫已成为常用添加剂之一，同时也是葡萄酒自然发酵的天然副产物）。

极干型（EXTRA DRY）： 指含糖量在 12 格令／升到 17 格令／升之间，口感比较圆润的起泡型葡萄酒。

老藤： 德国葡萄酒术语（ALTE REBEN）、法国葡萄酒术语（VIEILLE VIGNE 或 VIEILLES VIGNES），均代表该葡萄酒的酿造葡萄来自于树龄极高的老葡萄藤。

特干型（EXTRA BRUT）： 指含糖量低于 6 格令／升的起泡型葡萄酒。

甜型（DOUX）： 指含糖量超过 50 格令／升的起泡型葡萄酒。

西班牙法定产区葡萄酒（DO）： 是 "Denominación deO- rigen" 的缩写，意为 "原产地命名"，是西班牙对于特定区域的葡萄酒冠以原产地名号，进行品质监管的一项管理制度。

西班牙特级法定产区葡萄酒（DOCa）： 是 "Denominación de Origen Calificada" 的缩写，即在西班牙葡萄酒原产地保护法规中对于西班牙名优葡萄酒的一种等级认证。

意大利保证法定产区葡萄酒（DOCG）： 是 "Denominazio- nedi Origine Controllatae Garantita" 的缩写，即意大利葡萄酒的最高认证等级，常以此评价最优质的意大利葡萄酒。

意大利法定产区葡萄酒（DOC）： 是 "Denominazione di- Origine Controllata" 的缩写，直译为 "法定产区等级"，是意大利对于特定区域的葡萄酒冠以原产地名号，进行品质监管的一项管理制度。

自然干型（BRUT NATURE）： 又称为 "Dosage Zero" 或 "Pas Dosé"，即无加味，一种在二次发酵后不添加糖分的起泡型葡萄酒。也就是在去除酒渣之后，只加入与瓶中酒液性质相同的葡萄酒。

自然型（BRUT）： 指含糖量低于 12 格令／升的起泡型葡萄酒。

关于品酒

半甜型（AMIABLE）： 含有一定甜度的葡萄酒。

闭塞（CLOSED）： 葡萄酒瓶装后经过一段时间，香气和风味会比较闭塞，需要十几分钟时间的醒酒来释放最佳香味。

草本味（HERBACEOUS）： 部分红葡萄酒、白葡萄酒中所表现出的新鲜绿茵或干草的嗅觉特征，在年轻葡萄酒中尤为明显。

澄清（CLEAR）： 指葡萄酒中没有任何肉眼可见的悬浮物质，酒体清澈的样子。

持久（PERSISTENT）： 葡萄酒的味道能在味蕾上萦绕的时间较久。

短促（SHORT）： 形容葡萄酒的味道在味蕾上萦绕时间较短，转瞬即逝。

芳香（AROMATIC）： 在葡萄酿造过程中，葡萄酒所明显具有的某些气味特征。

丰富（AMPLE）： 口感表现丰富且复杂的葡萄酒，用以形容其醉人的香气和口感。

丰腴感（BODIED）： 用以形容口感醇厚、层次良好的葡萄酒，令人有愉悦感。

馥郁（FRAGRANT）： 专业术语，形容比较年轻的葡萄酒香味丰富。

干型（DRY）： 喝起来不带有甜味。

果味（FRUITY）： 用于形容葡萄酒中令人联想到的水果的香味。

和谐（HARMONIOUS）： 形容非常令人愉悦的葡萄酒，所有成分都达到了完美和谐的状态。

花香（FLORAL）： 用于形容葡萄酒中令人联想到的花香的味道。

浑浊（CLOUDY）： 指葡萄酒中含有大量胶状物或悬浮物，其酒液显得不够透明。

坚实（SOLID）： 形容酒体醇厚的葡萄酒在玻璃杯中的流动性弱，常视为甜型葡萄酒的特征。

紧涩感（AUSTERE）： 酒味干、酸度高，喝起来并不悦口。

酒香（BOUQUET）： 在瓶装窖藏期间，葡萄酒形成的香气所构成的葡萄酒的嗅觉感受。

苦涩（TANNIC）： 葡萄酒由于酸度和单宁含量高，给口腔带来一定的涩感。

苦涩感（BITTER）： 形容舌根部感受到的一种愉快的苦味，常被描述为植物味。

矿物味（MINERAL）： 专业术语，用以定义葡萄酒中所含矿物盐散发出的嗅觉特征。

明亮（BRILLIANT）： 指葡萄酒中没有任何肉眼可见的悬浮物，在酒杯中可呈现通透发亮的样子。

年轻（YOUNG）： 还在成长期的葡萄酒，有较为突出的生硬口感，但随着时间的推移会逐渐改善。

浓烈（GENEROUS）： 口感非常醇厚的葡萄酒，有令人愉悦的柔和感。

平淡（FLAT）： 葡萄酒的口感不够清爽，多因酸度不足，单宁含量较低。

平衡感（BALANCED）： 构成葡萄酒的各种成分之间均衡协调，或酸涩或柔和，但均能给人以舒适的和谐感。

瓶塞味（CORKY）： 一种带有刺激性且令人感到不愉快的气味和味道，多因瓶塞受到霉菌污染而腐烂变质所致。

葡萄酒味（WINY）： 多形容新鲜的葡萄酒，其味道会令人联想到葡萄果实，它同样代表着葡萄汁或葡萄酒刚结束酒精发酵的状态。

强劲（ROBUST）： 结构特别优秀的葡萄酒。

强烈（INTENSE）： 形容葡萄酒带有充满活力的、鲜明的、犀利的香味。

青涩（UNRIPE）： 指尚未达到饮用时机的葡萄酒，酸度尚未成熟。

轻盈（ETHEREAL）： 令人联想起蜡或丙酮的香味，是部分陈酿葡萄酒的特征。

柔和（SOFT）： 专业术语，形容葡萄酒的结构成熟圆润，充满包容力，不具侵略性。

收敛感（ASTRINGENT）： 是葡萄酒中单宁含量过高而引起的口腔收缩、发硬的感觉，有时这种涩口的刺激感并不令人感到愉悦。

丝滑（SILKY）： 专业术语，形容葡萄酒给予味蕾以柔润顺滑的味觉感受。

微妙（SUBTLE）： 通常形容层次不是特别饱满且比较新鲜的葡萄酒。

微甜（ABBOCCATO）： 意大利葡萄酒术语，用以形容葡萄酒淡淡的甜味。

温暖（WARM）： 指饮用时味蕾感受到的，由高酒精含量带来的温热感。

咸味（SAPID）： 形容葡萄酒带有强烈的矿物味特征。

辛辣（SPICY）： 形容红葡萄酒、白葡萄酒所带有的香料（甜的或其他）气味，特别是经过木桶陈酿过一段时间的葡萄酒。

新鲜（FRESH）： 专业术语，用来形容葡萄酒因酸味所带来的味觉感受。

氧化（OXIDIZED）： 专业术语，指葡萄酒在酿制或陈酿周期结束时过度暴露，使葡萄酒变得乏味、丧失活力的情况。

优雅（ELEGANT）： 指获得特殊等级且品质优异的葡萄酒。

圆润（ROUNDED）： 口感协调、柔顺圆润，充满甘油的柔和感。

葡萄酒的香气

脱水植物（DRY VEGETABLE），这类气味让人想起所有的干型葡萄酒，特别是青草和树叶。它们是陈年白葡萄酒的经典代表。

香料（SPICY），存储于橡木桶中经过一段时间陈酿的葡萄酒所普遍带有的香气，比如香草、肉桂、丁香、黑胡椒、肉豆蔻等都属于此类。

灌木植物（UNDERGROWTH），会令人联想起充满植物气味的世界，特别是木头一类的味道，比如蘑菇、地衣、麝香和松露，常见于陈酿红葡萄酒。

所有葡萄酒都含有极为复杂的呈香物质，从而形成了丰富多样的香味和气味，在酒杯中释放出挥发性物质的芬芳。各种气味背后的真实景象可谓大相径庭，通过对我们所熟悉的相同或近似气味的分析，可将这些香气概括为以下类别。

法式糕点（PATISSERIE），这类香气经常令人联想起起泡型葡萄酒的酿制，特别是葡萄酒中的酵母经过长时间发酵，气味香甜宛如精致西点、卡仕达酱、饼干等等，通常比较容易识别。

烘烤类（TOASTED），这是经过木桶陈酿的葡萄酒溶解木材成分后形成的气味，常为咖啡、扁桃仁、巧克力、烟草、烤面包等气味。

新鲜蔬菜（FRESH VEGETABLE），这类生涩气味会唤起人们对青色的、还未成熟的蔬菜记忆，比如青椒、番茄、蕨菜、芦笋等。在葡萄品种中，属白葡萄的苏维翁和红葡萄的品丽珠都带有这类香气。

坚果果脯(DRIED FRUIT)、扁桃仁、榛子、胡桃等坚果香味常是甜型葡萄酒中识别度很高的气味，多由白葡萄品种酿制而成。这种迷人的馥郁酒香之中还常常伴随着糖渍水果和果酱的甜蜜气息。

水果果酱（FRUIT JAM），拥有这类香气的红葡萄酒、白葡萄酒通常是经过了一定时间的陈化，带有清新的杏子酱、樱桃、李子、桃子或无花果制成的果酱的气味。

柑橘类水果（CITRUS），这类香气经常被视作白葡萄酒新鲜和活跃的标志。从柠檬、葡萄柚、佛手柑、雪松，到克莱门氏小柑橘，香气四溢。

新鲜水果（FRESH FRUIT），红葡萄酒、白葡萄酒中都有着这类香气，通常在年份浅的酒中容易闻到，如苹果、梨、甜瓜、醋栗等气味。

红色水果（RED FRUIT），这类香气立刻就能让人想到红葡萄酒，尤其是在葡萄酒生命周期最初的几年里，有覆盆子、黑樱桃、樱桃、草莓等味道。

热带水果（TROPICAL FRUIT），是最新鲜、最精致的白葡萄酒的标志性气味。其果香分别从菠萝变化到香蕉，或者从芒果转变成木瓜等。

致 谢

　　谨以此书感谢醴铎水晶杯贸易公司的卢卡·卡斯特雷提（Luca Castelletti）、玛伦可葡萄酒庄园的麦寇·玛伦可（Michela Marenco）、圣吉斯天尼酒庄和德雷多纳公爵酒庄的大力支持和帮助。

　　法比奥·彼得罗尼在此向西蒙娜·贝尔加马斯基（SimoneBergamaschi）、格洛丽亚（Gloria）和盖亚·布恰雷利（Gaia Bucciarelli）、诺伯特·皮奥维森（Norbert Piovesan）、卡尔·里格勒尔（Karl Riegler）表示感谢。

　　雅各布·寇萨特则在此向自己永远无私奉献的妻子及家人表示感谢。

所有照片由法比奥·彼得罗尼拍摄（第 46 页除外，由赛圭·桑切斯拍摄 / 盖蒂图片社）。

图书在版编目（CIP）数据

　　葡萄酒 /（意）法比奥·彼得罗尼 (Fabio Petroni),
（意）雅各布·寇萨特 (Jacopo Cossater) 摄、著；夏
小倩译 . -- 北京：中国摄影出版社，2017.3
　　书名原文：Wine Sommelier
　　ISBN 978-7-5179-0593-6

　　Ⅰ.①葡… Ⅱ.①法… ②雅… ③夏… Ⅲ.①葡萄酒
－基本知识 Ⅳ.① TS262.6

中国版本图书馆 CIP 数据核字 (2017) 第 054839 号
――――――――――――――――――――――――――――――
北京市版权局著作权合同登记章图字：01-2016-6640 号

WS White Star Publishers ® sangbiao is a registered trademark property of White Star s.r.l.
© 2016 White Star s.r.l. Piazzale Luigi Cadorna, 6 20123 Milan, Italy

葡萄酒

摄　　　影：[意] 法比奥·彼得罗尼
作　　　者：[意] 雅各布·寇萨特
译　　　者：夏小倩
出 品 人：赵迎新
责任编辑：刘　婷
版权编辑：张　韵
装帧设计：冯　卓
出　　版：中国摄影出版社
　　　　　地址：北京东城区东四十二条 48 号 邮编：100007
　　　　　发行部：010-65136125 65280977
　　　　　网址：www.cpph.com
　　　　　邮箱：distribution@cpph.com
印　　刷：北京地大彩印有限公司
开　　本：16
印　　张：15.25
版　　次：2017 年 4 月第 1 版
印　　次：2017 年 4 月第 1 次印刷
ISBN 978-7-5179-0593-6
定　　价：168.00 元